アマチュア無線運用シリーズ

短波帯アマチュア無線入門ガイド

宇宙規模の感動を体験できる

JA1DSI 津田 稔［著］

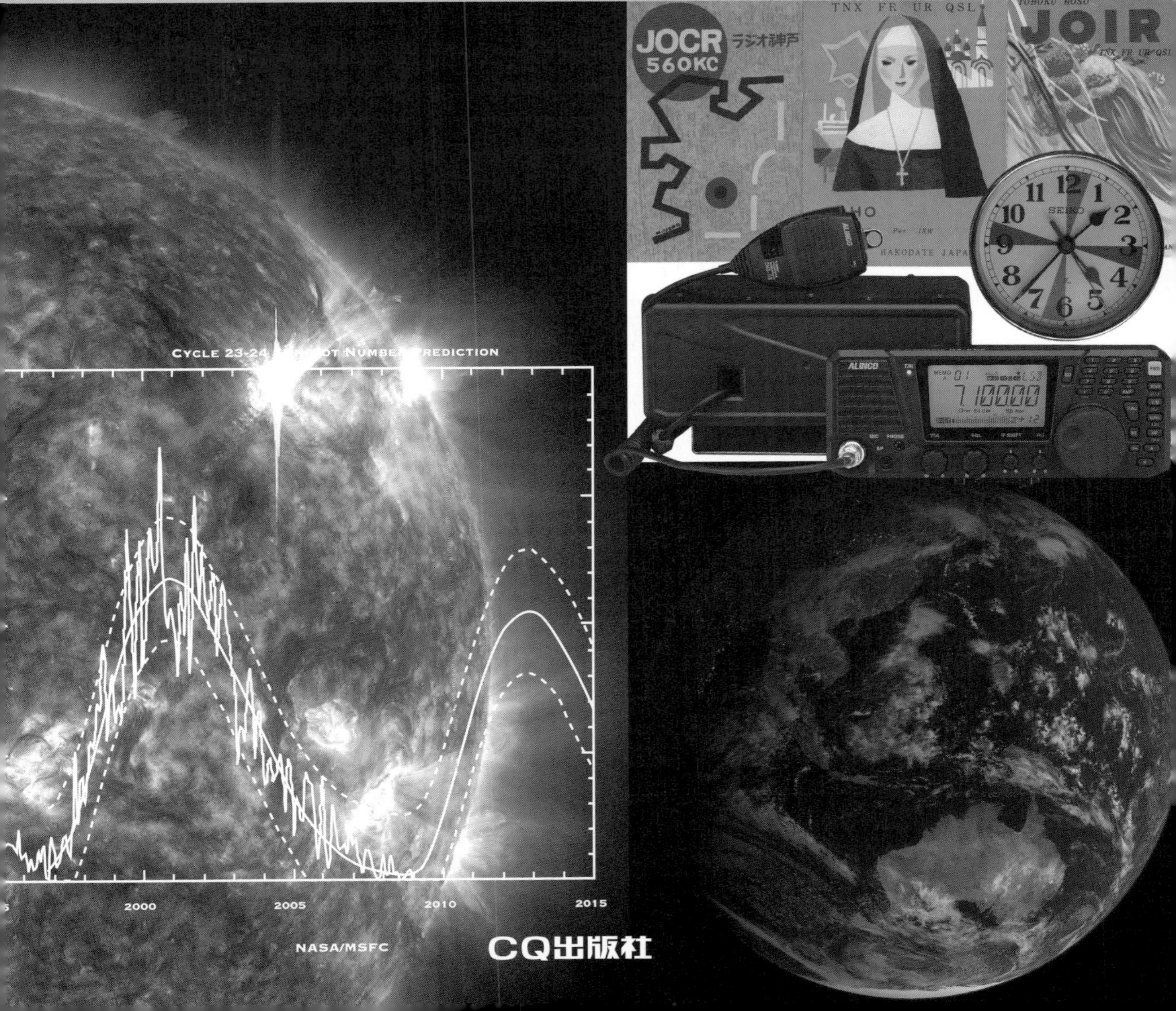

CQ出版社

はじめに

筆者はアマチュア無線の養成課程講習会講師を務めています．そして，アマチュア無線免許を取得した多くの入門者が，超短波帯(VHF)の小型ハンディー機で開局するらしいことを知りました．しかし筆者は，VHF・UHFのトランシーバによる交信に加えて，もっと短波帯(HF)の面白さを知っていただきたいと考え，本書を書きました．筆者を50年以上の長きにわたりとらえて離さない，短波帯の魅力を入門者の皆さまにもお伝えしたいのです．

短波帯の魅力を一言で表現すると，それは「変化」です．A地点とB地点とが交信しようとしたときに，その状態は日々，ときには時々刻々，変化します．昨日，交信できなかったところと今日つながることもあり，もちろんその逆もあります．お天気が留まることなく変わっていくように，電波の飛びに影響を与える空中の状態も常に変化しています．その大自然の変化を体感しながら行うのが短波帯のアマチュア無線と言えるでしょう．

確実な通信が必要なら，携帯電話(これも無線ですね！)を使えばよいでしょう(震災直後などはアマチュア無線より繋がりにくくなることもありますが)．この変化を，ともに親しみ，楽しんでいきましょう．変化がある上に，スリルとロマンがあるのが短波です．

短波帯は，無線機が高価だとか，大きいアンテナが必要でお金がかかることに危惧を抱くのでしょうか．短波の面白さはいろいろありますが，「電線を張ったアンテナでも海外と交信できる」のが短波帯であることもわかっていただきたいと思います．また，アマチュア無線を目指さなくても，BCLとかSWLで受信を楽しみたい方にも参考になる内容にしました．いわゆる「ハウツーもの」ではないことを，最初にお断りしておきます．

なお，筆者が書きたいことのすべてを印刷すると，とてもページ数が足りないので，インターネット上の参考になるURLもたくさん紹介しています．本書を見ながら文中のURLにアクセスしていただくと，よりいっそう理解と興味が深まると思います．

また，具体的な製作例は必要最小限しか載せていません．これも「まずはやってみる」ことが大切だと思いますし，現在はインターネット上に有益な情報がたくさんあるので，検索により最新の情報を発見していただきたいと思うからです．

———では，扉を開くことにいたしましょう．ようこそ短波帯アマチュア無線の世界へ！

2013年7月1日
著者しるす

もくじ

もくじ

もくじ

第１章

交信よりもまず受信 ～無線の面白さは，受信してわかる～

TVがラジオ並みに普及した今，改めて中波放送や短波放送，あるいはFM放送を聞いてみてはどうでしょう．映るのが当たり前のTVと違って，きっと，日ごとに変わる短波の空中状態を実感することができるはずです．これこそが短波の醍醐味です．なお，受信にまつわる注意点も書いておきました．

無線の面白さは，まず受信にあります．

中波のAM放送や超短波のFM放送は，家庭でも自動車の中でも，あるいは通勤通学途上でも楽しめます．放送も無線には違いないのですが，無線という感覚は誰も持ちません．無線といったら「交信する」を連想するのが普通の感覚でしょう．

さて，戦後の真空管受信機時代，家庭用ラジオとして五球スーパー・ラジオが普及しました（スーパーは「スーパーヘテロダイン方式」の略）．その上位機種には，マジックアイという同調指示用真空管がついた六球スーパー．さらに高級になると，オールウェーブ・ラジオになりました．もっと高級になると電蓄（オールウェーブ・ラジオ＋レコード・プレイヤー）でした．

当時のオールウェーブ・ラジオには，FM放送受信機能はなくて，短波（だいたい3.9～10MHzのみ）が聴けるようになっていました．日本短波放送（現在はラジオ日経）の開局が昭和29年8月27日でしたから，3.9MHz帯，6MHz帯および9MHz帯の日本短波放送を受信できるのが当時のオールウェーブ・ラジオの仕様でした．

オールウェーブ・ラジオだと，7MHzのアマチュア無線の交信（電波型式はAM，中波放送とか短波放送と同じ）を聴くことができました．これでアマチュア無線なるものの存在を知り，アマチュア無線家（以下，ハム）になった方が意外に多かったと聞いています．

短波が聴けるラジオだと，諸外国の短波放送も聴けました．さらに，我が国の標準電波（識別信号はJJYで，周波数は5MHz，8MHz，10MHz）も受信できました．真空管時代は，短波受信機も自作が当たり前だったので，前述の日本短波放送，それにJJY，そして強い外国の短波放送局がダイヤルの較正（こうせい）に大変役立ちました．今は周波数直読の受信機が当たり前になっていますが，昔は周波数直読式受信機は皆無に近かったのです．ですから，周波数がわかっている電波を受信しては，ダイヤルに印を追加したものでした．

筆者の中学時代から高校1年までは7MHzのアマチュア無線を傍受していました．彼らがアンテナ（電線）を屋外に張って全国各地のハムと楽しく交信するようすが，すごくうらやましく感じました．家に居ながらにして遠くと話ができる――こんなに素晴らしいことはありません．

ついでに言うと有線電話は，昭和20年代～30年代は，電話線を引いてもらうのに結構な費用がか

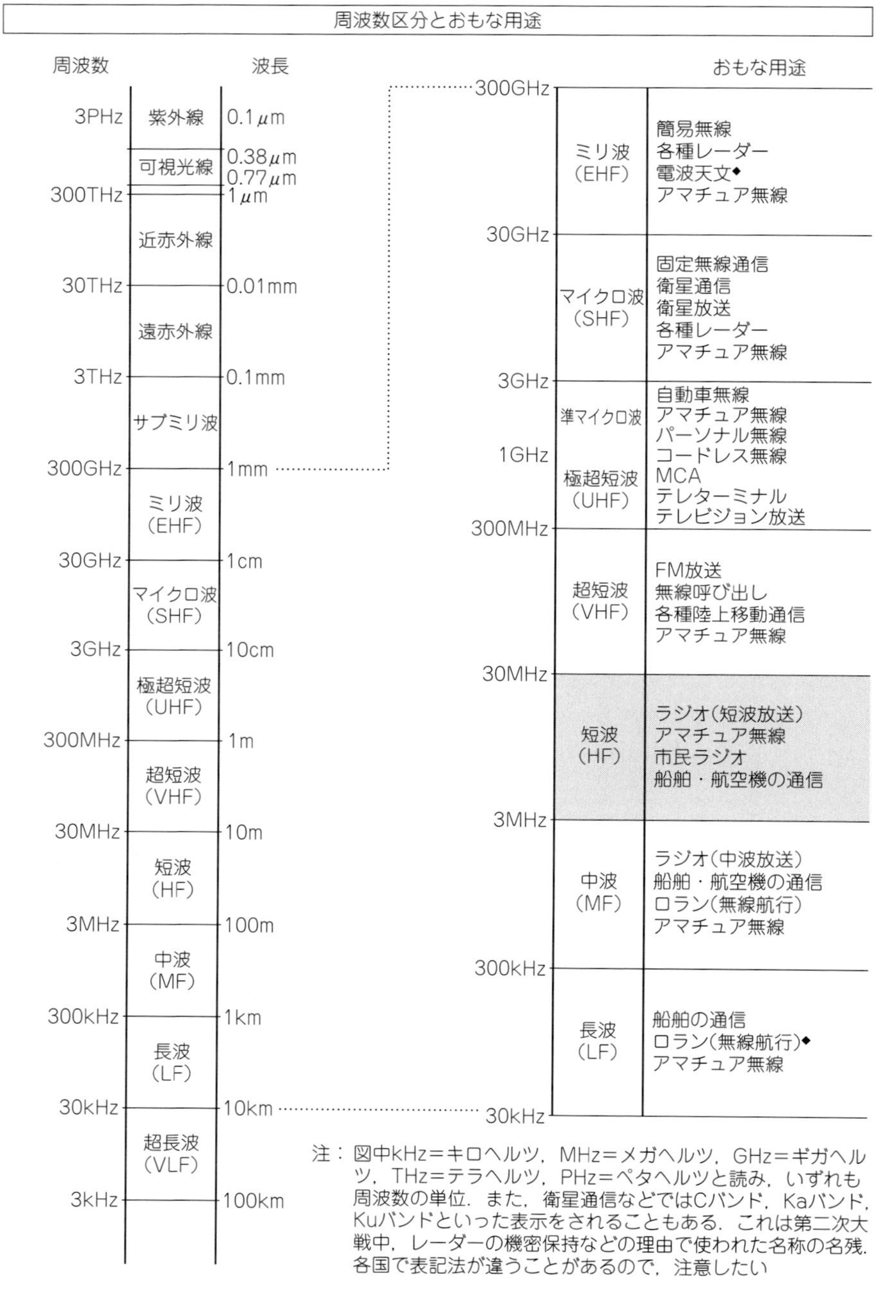

図1-1 電波の利用区分

かったので,ポピュラーとは言い難かったのです.既製の短波受信機,送信機だって,アマチュアがお小遣いで買えるような価格ではありませんでした.もちろん,50MHzから上のVHF,UHF用のアマチュア用送受信機は皆無でした.それに,送受信機が一体になったトランシーバなるものは,まだなかったと思います．

さて，短波受信（あるいは傍受）が面白いとわかると，大きく分けて二つの行き方がありました．

一つは，短波放送受信（受信報告書を送って，ベリフィケーション・カード＝ベリカードをもらう）です．放送以外の電波を受信する人もいます．

もう一つは，アマチュア無線家への道を進むことでした．

前者はBCLと言われますが，海外の短波放送だけではなく，いろいろな業務用通信とかアマチュア無線をも受信して楽しむSWLと言われる人たちもいました．ハムにはならずに，BCL・SWLで一生を終える人もいます．また，ハムになっても，短波受信に力を注ぐ人もいました．

短波受信は，そのくらい奥が深いものです．筆者はハムになって50余年経ちましたが，通常はそれほど交信しているわけではなくて，家でも，クルマで移動中でも，もっぱら短波の受信を楽しんでいます．

図1-1に電波の利用区分を示しておきます．短波とはいえ，全体から比較すると，結構波長の長い（周波数の低い）部類に入ることがわかります．これは，短波と命名された時代には，まだ高い周波数まで電波利用が進んでいなかったためです．

ワッチという言葉

交信しないで受信に専念している状態をハムはワッチと言います．英語で書くとwatchで，中学校で習うウォッチ（腕時計）と同じです．

watchには見守る，見張る，監視するという意味があります．これが無線の世界では「聴取する」の意味で使われます．よく聞く，という意味です．

船の世界でのワッチは，文字どおり見張り当番（当直）を意味します．

受信と傍受

中波放送とかFM放送，短波の国際放送は，放送局から一般の人々向けに放送されています．こういう放送を聴取するのが「受信」です．また，2局が交信するとき，当該局が相手局の電波を聞くのも受信です．

それに対して，2局間の交信を第三者が聴取する行為は「傍受」と言います．

アマチュア無線の交信を聴取することも傍受です．傍受自体は合法ですが，電波法上，厳しい規則が定められています（電波法上は傍受＝積極的意思をもって，自己あてでない無線通信を受信すること）．

> （秘密の保護）電波法　第59条　何人も法律に別段の定めがある場合を除くほか，特定の相手方に対して行われる無線通信（電気通信事業法第4条第1項又は第164条第2項の通信であるものを除く．第109条並びに第109条の2第2項及び第3項において同じ．）を傍受してその存在若しくは内容を漏らし，又はこれを窃用してはならない．
>
> 罰則：第109条　一般人にあっては1年以下の懲役又は50万円以下の罰金，無線に従事する者であれば2年以下の懲役又は100万円以下の罰金が科せられる可能性がある．

アマチュア無線の交信については，総合通信局の見解として，アマチュア局の行う通信に関しては，

「その業務の内容からいって通信の秘密として保護するべき内容を含まない」

とされています．

ただし，アマチュア無線局の免許状には，「法律に別段の定めがある場合を除くほか，この無線局の無線設備を使用し，特定の相手方に対して行われる無線通信を傍受してその存在若しくは内容を漏らし，又はこれを窃用※してはならない．」と印刷されていることは，覚えておきましょう．

※　窃用：自己のため，または第三者の利益のために，発信者および受信者の意に反して利用すること．

第２章

受信機
～ロッド・アンテナのラジオでは微弱信号をキャッチできない～

本章では，強力な短波放送だけではなくて，弱い電波も受信できる実用的な受信機について考えます．幸い，短波帯の全域が聞こえる割と安価な受信機やトランシーバがありますので，お勧めです．

日本では，放送の受信機をラジオといいますが，実はラジオ・レシーバ（無線受信機）が正しい言い方です．単にレシーバという場合は，「受け手」の意味で受信機もその一つ．鉱石ラジオの時代は，いまで言うヘッドセットがレシーバと呼ばれていました．

さて，本書のねらいは，アマチュア無線も短波放送も，そしてそれ以外の各種業務無線も聴いてみて短波の魅力に触れることですから，受信機に求められる条件は自ずと決まってきます．なお，携帯ラジオの類は外部アンテナをつながないものがほとんどですし，お粗末なダイヤルが多いので，除外します．

受信機に求められる条件

① 外部アンテナ接続端子がある．

② 受信周波数は大きなツマミで変えられること．さらに，テンキーで周波数を入力できれば最高．回転させるダイヤルがなくてテンキーだけのものは，使いにくいので除外．

③ 受信モードはAMのほか，SSB（USB，LSB）とCWがあること．短波帯に限れば，FMはアマチュアが使う29MHz帯くらいしかないから必須ではない．

④ 周波数は直読（直接，読み取れること）であること．現在は，直読が当たり前なので心配は要らない〔真空管全盛期のアナログ・ダイヤル

写真2-1　ICOMの受信機IC-R75
HF～50MHz帯の広帯域をUSB/LSB/CW/RTTY/AM/FMのオールモードでフルカバー．簡単な操作で効果的に混信を除去できるツインPBTを搭載

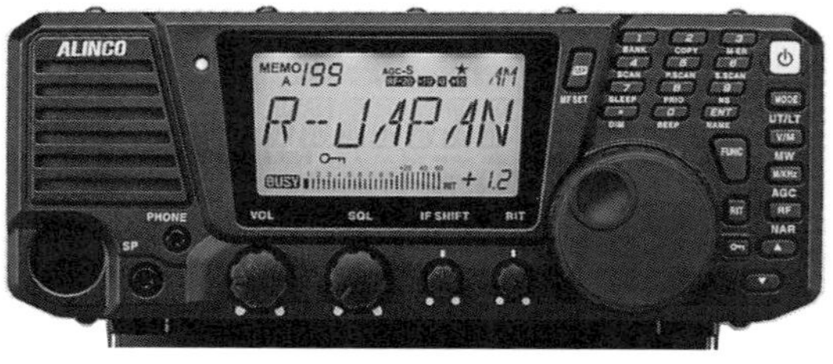

写真2-2　アルインコの短波帯用受信機DX-R8
0.15～35MHzをSSB/CW（U/L）/AM/FMモードで受信．IQ信号と検波信号の出力ポートを装備し，フリーウェアのSDRソフトKG-SDRを使えば多彩な機能を使える

（回転式，横行ダイヤルどちらも）は，今ではあまり頼りにならない〕．

⑤ アマチュア無線局を開局したとき，サブ受信機として使える性能があること．

これらの条件を満たし，かつ，お小遣いを貯めればなんとか買えそうなモデルは限られます．

上記の条件を満たしている受信機は，IC-R75（ICOM），DX-R8（ALINCO）の2機種に絞られます（**写真2-1**，**写真2-2**）．ほかに，パソコンに接続して使う受信機もあります（例えば，ICOMのIC-PR2500，AORが取り扱うPRESEUSなど）．

さて，将来アマチュア無線局を開設したい方には，いい手があります．

まず受信機を購入してから，無線局開設時にトランシーバ*を買うのは経済的に負担となりますが，現在のHF対応アマチュア無線用トランシーバの受信部は，短波帯に関してはゼネカバ（general coverage）で，中波～30MHz帯あたりまでは，ハムバンド以外も全部受信できます．

そこで，筆者がハムになった1959年ごろとはまったく順序が違うのですが，まずは第4級アマチュア無線技士の従事者免許証を取得し，短波帯対応のトランシーバでアマチュア無線局の（短波を含む）免許をもらいましょう．そして受信も送信も楽しみましょう．

ただし，買ってアンテナをつなぐのは［アマチュア無線局の開設後］（呼出符号を付与されてから）にしてください．最近は，電波検問なる「不法無線局取り締まり」が実施されることがあります．トランシーバにアンテナがつながっていると（マイクがつながっていなくても）「無線局を開設している」とみなされるそうです．

トランシーバの受信部は，立派な「通信型受信機」なのです．資格の取得法，無線局の開設については第5章で述べます．

コラム1　ロッド・アンテナ付き短波ラジオに長いアンテナをつないでも弱い電波が聞こえるようにはならない理由

ロッド・アンテナ付き短波ラジオに，屋外に張ったアンテナ（電線：ロング・ワイヤー）をつないでも受信性能の向上は期待できません（外部アンテナ端子があるモデルだったら効果があるかもしれないが）．

ロッド・アンテナ付きの短波ラジオは，短いロッド・アンテナで拾った微弱な入力信号（電波）に合わせた設計になっています．もともと短波放送受信用ですから，強い放送局の周波数近傍の弱い信号は，選択度（分離能力）が悪いこともあって受信不能です．仮にハムバンドにあわせられても，近所の強力な局が入感していれば同じ状態になります．

通信型受信機，あるいはアマチュア無線用HFトランシーバの受信部は，空中線でキャッチした強い信号も弱い信号もしっかり受信できる能力があります．現在の通信型受信機は，これは選択度とか感度の問題とは違うところに，さまざまな工夫がなされているからです．

半導体を使ったトランシーバが登場しても，初期のころは受信部に理想的性能（弱い信号が強い信号にマスクされずにすっきり受信できる性能）がなかなか得られず，真空管式受信機（アマチュア無線用）を愛用する人が多かった理由はそこにありました．現代の日本製HFトランシーバの受信部はすべてクリアしているといっていいでしょう．

真空管式受信機は，強い信号でも飽和することなく（「ダイナミックレンジが広い」という），弱い信号が受信機内部でかき消されることがありません．

＊ トランシーバ：Tranceiver．送信機（Transmitter）と受信機（Receiver）を一体構造にした無線機のこと．二つの英語を合わせて作られた言葉．

第3章

短波の電波伝搬
～近い局が強いとは限らない～

短波における電波伝搬には，さまざまな特徴があります．大きくは太陽活動の影響を受け，また季節ごとの変化や昼夜での変化もあります．こうした特徴を理解すると，短波の面白さが見えてきます．

3-1　概論

電波法の定義では，短波帯は3,000kHz～30 MHz (30,000kHz)の電磁波です．アマチュア無線には1.8MHz帯，1.9MHz帯(160mバンド)が免許されますが，これも頭に入れて話を進めることにします(現在，300kHz～3,000kHzは中波とされているので，160mバンドは中波帯に属することになる)．

無線通信が始まったころは，電波が地表を伝わる超長波(VLF)が使われました．大きな空中線と大電力で大陸間の通信を行っていました．

依佐美送信所記念館には，その名残が展示されています．以下にURLを示します．

- **依佐美送信所**
  http://yosami-radio-ts.sakura.ne.jp/#
- **依佐美送信所記念館**
  http://garden-yosami.jp/facility/transmitter.html

記念館内は，ちょっとした発電所という感じを受けます(**写真3-1**)．

また，スウェーデンのヴァールベリ・グリメトンには，動態保存されているSAQという呼出符号の送信所があります(**写真3-2**，**写真3-3**)．世界遺産に指定されており，現在も何かのイベントでは17.2kHz(超長波)電信が送信されます．日本では受信が困難なようですが，受信に挑戦してみてはどうでしょうか．筆者も何度か挑戦してきましたが，今までのところ受信できていません．

以下に参考URLを示します．

http://alexander.n.se/in-english/

短波通信の威力を実証したのはアマチュア！

その一方で，プロの無線局が使わない高い周波数(1,500kHz以上；当時それが短波だった)が，米国では20世紀初頭にハムに割り当てられるようになりました．その結果，短波は小電力で大陸間通信が容易にできることが発見されました．

結果的に，この快挙が引き金となって，プロの無線通信も短波帯に移行していったのです．

ところが，短波には致命的な欠点がありました．短波の電波伝搬はF層反射に依存しますが，電離層の状態は時々刻々と変化するため，24時間安定な通信回線を確保することができないのです．短波伝搬は太陽の黒点活動に左右されますが，季節，夜と昼，午前と午後で電波の伝わり方が変わってしまいます．

写真3-1　依佐美送信所記念館-高周波発電機(2C08年7月末に撮影．現在は黒色に塗られているそうだ)

今では衛星通信の普及，海底ケーブル通信網およびインターネットの充実に伴い，プロの通信は短波帯から撤退を始めました．短波放送も，インターネット放送が可能になったので規模は縮小されつつあります．

短波ファンとしては，スイス放送が2004年に短波放送を廃止したのは大ショックでした．SBC，SRI，Swissinfoと名称を変えたものの，その美しいインターバル・シグナルを聴くことができなくなってしまいました．

3-2　短波放送が複数の周波数で同時送信するのはなぜ?

① 我が国唯一の民間短波放送局

日本の民間短波放送局のラジオNIKKEIの周波数は，次のようになっています．

- 第1プログラム
  3,925kHz，6,055kHz，9,595kHz
- 第2プログラム
  3.945kHz，6,115kHz，9,760kHz

いずれも3波あります．電波型式はAM（振幅変調）です．中波放送ではサービス・エリア（聴取可能地域）が限られ，普通，1波のみ（中継局は別）ですから，これは不思議ですね．

ラジオNIKKEIの送信所と空中線は千葉県内にあります．筆者の住む東京でも，朝，昼，晩と聞こえ方は時々刻々と変わります．朝と晩は，3MHz帯，6MHz帯がよく聞こえます．北海道や九州だと聞こえ方は全然違うでしょう．たぶん9MHz帯が調子よく受信できると思います．

時間帯によっては，第1プログラムも第2プログラムもそれぞれの3波とも強力に受信できます．

3波あるのは，伝搬状態が時々刻々変わるため，

写真3-2 スウェーデンの世界遺産のSAQ送信所とアンテナ．黒い車は1920年代のフォード．(Photo：Beugt A Lundberg. Swedish National Heritage Board. Thanks Cral, SM5BF)

日本各地で聞こえ方が変わることを考慮しているからです．したがって，「どれか，よく聞こえる周波数で聞いてください」ということです．

いずれハムになって，国内外と短波で通信しようとする場合，これは必要な知識です．

② VOLMET放送

VOLMET(ボルメット)放送は，大陸とか洋上を飛行する航空機あてに，主要空港付近の気象情報を提供する英語の放送です．電波型式はSSB(USB)なので，AMしか聞けない短波ラジオでは内容はわかりません．

太平洋地域でのVOLMET放送は，

2863kHz，6679kHz，8828kHz，13282kHz，

の4波で同時送信されます．Tokyo局は毎時10分と40分に，

「All stations, this is Tokyo」

の女性の合成音声のアナウンスで始まります．

放送は5分間です．コールサインはTOKYOですが，送信地は鹿児島県内です．したがって，日本各地の陸上でワッチ(傍受)していると，1日24時間の中で聞こえ方は相当に違ってきます．太平洋上あるいは大陸上空でも，鹿児島からの距離および聴取時刻によって，よく聞こえる周波数は違うはずです(普通は航空機内では聞けないので，こうとしか言えない)．東京では，夜間ですと2863kHz，6679kHzがよく聞こえます．昼になると13,282kHzがよく聞こえます．いずれにしても，パイロット・コパイロットは，4波のうち一番良好に受信できる周波数で聴取するわけです．

③ 短波放送の周波数

日本のラジオ・ニッポンをはじめとして，諸外国の短波放送も，少なくとも2波で同時送信されるのが普通です．おおむね放送する目的地(聞いて欲しいところ)によく飛ぶアンテナを使って送信しますが，それでも場所によって聞こえ方が違うので，「ダイヤルをよく聞こえるほうに合わせ

写真3-3　スウェーデンの世界遺産，SAQの高周波発電機（Photo：courtesy of National Museum of Science and Technology. Thanks Carl, SM5BF）

てください」というわけです．

以下に参考URLを示します．

- **NHKワールド**

  http://www3.nhk.or.jp/nhkworld/japanese/radio/program/index.html

- **NHK海外向け放送の周波数**

  http://www3.nhk.or.jp/nhkworld/english/radio/shortwave/frequencies.pdf

すべて日本から送信しているわけではなくて，世界各地で中継しているのがわかります．衛星ラジオも，インターネット・ラジオもありますから，短波放送の比重は低下していると考えられます．

3-3　電離層

上空には電子密度が高いD，E，F（F1，F2）の4層があります．すべての層は太陽活動に依存します．では，どのくらいの高さに電離層ができるのか，次に示します．

D層	60〜90km
E層	90〜140km
F1層	140〜210km
F2層	210km以上

電離層は，昼間はD，E，F1，F2の4層がありますが，夜間はE層とF層だけになります．

それでは，各層について説明します．

（1）D層

電波の反射を行わず，もっぱら減衰させ，吸収します．昼間は近くの中波放送だけが聞こえますが，夜間になると遠方の中波放送が聞こえるのは，D層の有無による違いです．

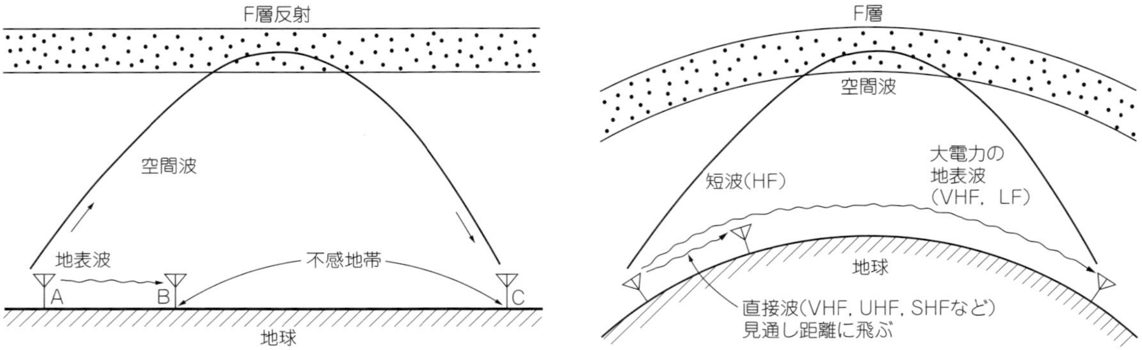

(a) 短波の不感地帯
(b) 地表波，空間波，直接波

図3-1　短波の不感地帯と地表波，空間波および直接波

(2) E層

10MHz以下の電波を反射し，高い周波数を少し減衰させます．

春から秋にかけては，スポラディックE層という金属イオンを主とする電離層ができます．略してEスポとも言われます．

これが発生すると，28MHz帯，50MHz帯で小電力ながら国内の遠方の局と快適に交信できます．また，普通のFM放送(76～90MHz)に関しても，国内の遠距離の局がきれいに聞こえたりします．そのため国内交信が好きなハムを喜ばせてくれる電離層です．

(3) F層

昼間はF1，F2の二層が存在しますが，夜間は一つのF層になります．本書のテーマである短波は，この層による反射によって遠くまで飛びます．

臨界周波数とは，電波を真上に打ち上げたとき，反射して戻ってくる周波数の最大値のことです．これを越える周波数の電波はF層を突き抜けます．太陽活動による宇宙放射線や地磁気嵐などの宇宙環境変動を示す宇宙天気に関しては，毎日観測されて宇宙天気情報センターがWebサイトで公表しています．

- **宇宙天気ニュース**
  http://swnews.jp/
  twitter@swnews
  https://twitter.com/swnews
- **宇宙天気情報メール配信サービス**
  http://swc.nict.go.jp/datacenter/

宇宙天気情報をインターネットで希望者(個人でも可)に配信してくれます．

遠距離との通信では，空中線から放射された電波はできるだけ遠くに飛ぶように，地面に対して斜めに低い確度で飛ばしますから，実際は，臨界周波数より高い周波数で短波通信が行えます．ただし特殊な用途では，電波を真上近くに打ち上げるという通信テクニック(後述するNVIS)も使われますが，臨界周波数以下でしか使えません．

3-4　不感地帯(スキップゾーン)

短波帯では，地表波の減衰が大きいので，地表波は遠くまで飛びません．空間波(電離層反射波)は電離層で反射して遠くの地上に落ちます(**図3-1**)．

地表波が届かなくなった地点から，空間波が落ちてくる地点までの間は「受信できない」「通信できない」のです．この通信できない部分を不感地帯と言います．

わかりやすい例を挙げましょう．筆者はクルマから短波通信を行います．昼間，国内がひらけている時間帯には，東京付近を走りながら東北とか北海道の局とは交信できますが，関東地方の局は至近距離の局を除けば通信できません．このように，2点間の距離が近ければ通信しやすいVHFやUHFと大きく違っているのが，短波通信です．

3-5　太陽活動と電離層

電離層は，太陽から放射されたX線，紫外線，β線，アルファ線などの放射宇宙線により，上空の大気が電離されてできた層で，電波の反射や吸収をします．電離層の影響を受けることがあるのは，スポラディックE層が発生した場合でも200MHz以下の電波と言われています．

太陽活動は11年周期で極大になることが知られています．この極大期には，短波の飛びが非常に良くなります．28MHz帯で，地球の裏側のアルゼンチンの5W局の電波が強力に入感したりするのは，この極大期です．

極大期自体もその大きさに周期があるようで，極大期には必ず短波通信の状態が良くなるわけではありません．

筆者がハムになったのは1959年でした．1957年がサイクル19の極大期でしたので，太陽活動はピークを過ぎて低下しつつあったのですが，28MHzでは10WのAMとCWでワールドワイドな交信を楽しめました(当時，新2級ハムに電信と28MHzの免許がおろされるようになった．電話級，電信級ハムに21MHz，28MHzが開放されたのはその後)．

したがって，出力10Wといえども馬鹿にできません．

とにかく，当時の28MHzの感動が忘れられなくて，いまもクルマには28MHz用ホイップ・アンテナを必ず付けております．夢よ，もう一度……これが短波です．

外国と遠距離通信ができるとは考えられていなかった50MHzで，JA6FR 大久保さんがブラジルのPY3BWと交信する大記録を打ち立てたのは1958年でした．

この原稿を書いているのは2013年です．サイクル24の極大期に入っているはずなのですが，磁極が4極化して太陽活動が通常とは違っているそうです．したがって，短波マニアからは期待はずれの声もあがっているくらいです．

人間が一生の内に味わえる11年周期の太陽活動極大期はせいぜい7～8回です．11年後の次のサイクルのピークに筆者が生きているかどうかわかりません．それでも，短波は好きです．元気に無線を楽しめる間は短波を中心に楽しみます．

3-6　デリンジャー現象

太陽面のフレア(太陽面爆発)の結果，D層(＝電波を吸収・減衰させる)の電子密度が高くなり，短波がF層に届く前に減衰してしまいます．また，反射して地球に戻ってくる電波も吸収されてしまいます．

こうして，結果的に短波通信が途絶える現象がデリンジャー現象と呼ばれます．

デリンジャー現象から回復するまでには，数時間から数日かかります．短波の通信回線の不確実性の要因の一つです．

3-7　ショートパスとロングパス

電波は，地球上の電離層の具合が良い最短コースを飛ぶと考えられます．これがショートパスです．ところが，条件によりますが，まったく逆の方向の長距離コースの電波のほうが強力な場合があります．これがロングパスです．

両者が同時に入感すると，ロングパスは到達時間が長くなりますから，エコーとなって聞こえます．

例えば，日本から見るとショートパスの北米は北東方向になります．ところが，電波が南西方向から飛んで来ることがあるのです．筆者はカリブ海あたりの電波で経験したことがあります．

無指向性アンテナとか，回転できないアンテナではよくわかりませんが，ロングパスが発生しているときは，(ショートパスも聞こえる場合)エコーがかかって聞こえるでしょう．アマチュア無線で指向性があるビーム・アンテナを使うと，この違いがよくわかります．アンテナの向きを変えていくと，ロングパスは明確にわかります．

これは大変面白い現象です．筆者が14MHzのCW(電信)やRTTY(ラジオ・テレタイプ)に夢中だったころ，秋の午後のロングパスでアフリカ西海岸方面とかヨーロッパとの交信を楽しみました．夕方日暮れどきは，エコーがひどくてCWもRTTYも受信が困難になりました．

短波帯用のビーム・アンテナは大型になりますが，受信・送信の性能は格段に向上します．

それ以外にロングパス通信を楽しめるのが特徴です．金銭的に余裕ができたら，短波マニアとしては鉄塔でビーム・アンテナをたてるのが夢でしょう．この例でおわかりのように，短波通信は2点間の距離の大小で通信の難易度が違うわけではないところが面白いと思います．

なお，短波の電波伝搬に限りませんが，もっと詳しく無線通信を勉強したい方にお勧めしたい書籍を紹介します(**写真3-4**)．

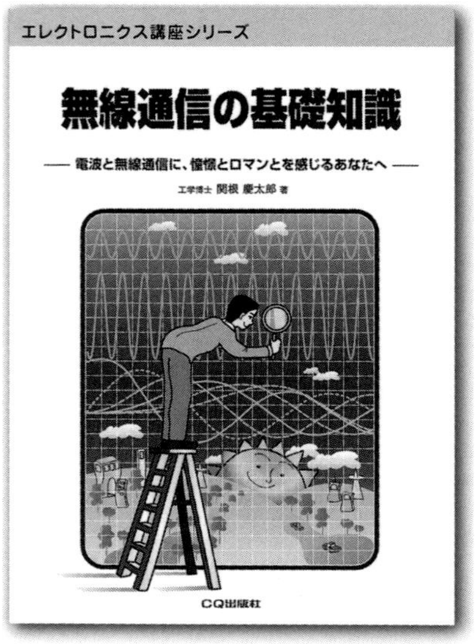

写真3-4　電波の歴史としくみがわかる好著，『無線通信の基礎知識』

- JA1BLV　関根慶太郎 著，『無線通信の基礎知識－電波と無線通信に憧憬とロマンを感じるあなたへ－』，2012年，CQ出版社．

関根さんは，この本が出版された年の10月下旬に惜しくも亡くなられました．

さらに，広くアマチュア無線に関する知識・技術の総集編ともいうべき書籍もあげておきます．

- 『JARLアマチュア無線ハンドブック』，1997年，増補改訂版，CQ出版社．

すでに絶版ですが，中古での入手は不可能ではないので，できれば座右に備えたいものです．基本的な原理とか技術に関する記述は現在でも通用します．巻末の資料編の一部は発行当時と今とでは違っている項目がありますが，インターネットで調べれば自分でアップデートできるものばかりです．

ちなみにこの本も関根慶太郎さんが編集委員会主査を務められました．

第４章

短波マニアの道
～送信したければハムになろう～

BCLやSWLで聞くことから始め，やがて送信も受信もできるハムになる．その方法について解説しました．受信は誰でもできますがハムには免許が必要です．

本章を設けた理由は，BCLで行くか，SWLを目指すかで，受信機が違ってくるからです．

短波受信の楽しみ方には大きく分けて二つあります．

（1）BCL

英語だと，Broadcasting Listening，あるいはBroadcasting Listenersです．

放送を受信して楽しむことですが，短波による国際放送を受信して楽しむことを意味することが多いです．中には，中波の海外局のキャッチに情熱を燃やす人もいます．筆者も中学3年のころ，自作受信機で中波放送を聞いて，ベリカードをもらったことがあります（**写真4-1**，**写真4-2**）．

写真4-1　筆者が中学3年のころ，自作受信機で中波放送を聞いてもらったベリカード（長崎放送）

写真4-2　筆者が中学3年のころ，自作受信機で中波放送を聞いてもらったベリカード（神戸放送，函館放送，東北放送）

受信機は家庭用の短波ラジオ(ひと頃流行った短波受信可能なラジカセ)で受信できます．短波の国際放送は，大きなアンテナと高出力(50kWとか100kW)で送信されるのが普通ですから，業務用の高級受信機である必要はありません．ロッド・アンテナ付きの短波ラジオでキャッチできます．もちろん，空中線を外付けできる通信型受信機なら，さらに良質な受信が可能です．

1970年代〜1980年代に，BCLブームがありました．短波放送を聞いて楽しむことのほかに，放送局に受信報告書を送ってベリカード(Verification Card)を手に入れることが流行りました．当時は，周波数直読のラジオはまれでしたから，インターバル・シグナルを頼りに放送局を探しては追加したものです．現在は，安価な短波ラジオも周波数直読になりましたから，とても楽になりました．

● インターバル・シグナル

Interval Signal，略してISと書きます．本放送の5分くらい前から繰り返し流される，放送局独自の短いメロディのことです．放送終了時に流されることもありますが，鐘とかオルゴールの曲が多いです．受信周波数が直読でなかった時代,「こちらは○×放送局ですよ」とリスナーに教えてダイヤルを合わせるために流されました．

筆者にとって忘れられないのは，1950年代のモスクワ放送の鐘の音です．また，自作受信機の調整中に強力に入感したSBC(スイス)の美しいインターバル・シグナルも忘れることができません．

最近まではラジオ・バチカンのインターバル・シグナルをしばしば聴くことができましたが，今は限られた時間しか聞けません．

日本では，ラジオNIKKEIが放送開始前に流していますし，NHK(中波)も流します．NHKの短波の国際放送のインターバル・シグナルは美しいので，世界中のリスナーに人気があるそうです．

古いインターバル・シグナルをいまでも聞けるWebサイトがあります．

• Interval Signals Online

http://www.intervalsignals.net/

ときどき，ここで昔のインターバル・シグナルを聞いて古き良き時代を偲んでおります．

いずれにしても昔のBCLの多くは，このインターバル・シグナルの虜になった人たちではないかと想像しています．

● いくつかの短波放送局の例

1982年〜1989年には，サイパンから日本，ロシア，オーストラリア向けにロック専門のKYOI(キョイ)という短波放送局が，100kW出力で24時間送信していました．

筆者も，流行りのラジカセでその信号をキャッチしたことが何度もありますが，とにかく強力でした．アマチュア無線の世界では，適当な周波数帯なら10Wでサイパンとも交信できます．それが100kWもあるのですから，どんな短波ラジオでもキャッチできたわけです．諸般の事情から資金難になり閉局しましたが，筆者には思い出深い放送局です．

フェージングを伴いながら聞こえるロック・ミュージックは，独特な味があり，中でもTOTOのAfricaとDonald FagenのI・G・Yは最高でした．

どんなロックが放送されていたのか？ 現在もインターネットで一部を聞くことができます．

• Super Rock KYOI

http://www.kyoi.ru/

メニューでRADIOをクリックして，上のほうの回線速度(96kbps，48kbps，24kbps)のどれかを選んで再生ボタンをクリックすれば，音楽が聞こえてきます．24kbpsは明らかに音質が落ちますが，48k，96kだとかなりいい音で楽しめます．

短波の国際放送の世界は，この40年くらいの間に大きく変わりました．まず，日本語放送がどんどん廃止されたことです．エクアドルのHCJB(アンデスの声)局のファンはたくさんいて，夏のハムフェアにはHCJBのブースがあったくらいですが，惜しくも2000年12月31日を持って定時放送を終えました．長年にわたり日本語放送を支えた尾崎さん夫妻が人気の元ではなかったかと推察しています．奥さんは2006年，移住先の米国で他界されました．その後，いろいろな経緯を経て，キト(Quito)ではなくて，オーストラリアのクヌヌラ送信所から土・日に放送が行われています．尾崎一夫さんは，まだご健在で放送に関わっているそうです．

写真4-3は，ハムフェアで尾崎さんから頂戴したHCJBの文字が入った刺繍飾りです．

- **HCJB Global Voice Japanese Language Service**

  http://japanese.hcjb.org/

● 日本語放送

2013年現在，韓国・北朝鮮・中国・台湾・モンゴル・タイ・ベトナム・インドネシア・イラン・ロシアからは，日本語放送が送信されています．NHKワールドも海外の邦人向けに日本語放送を行っています．

アルゼンチンのRAE (Radiodifusion Argentina al Exterior，RAEはアール・エー・イー，もしくはラエ/ラーエと発音される)も日本語放送を行っているのを知っている方もいるでしょう．ロッド・アンテナの普通の短波ラジオでは聴取困難ですが，日本語放送を続けています．RAEのWebサイトはスペイン語ですが何とかなります．この局の受信には，本格的な(外付けアンテナを付けられる)通信型受信機が必要です．短いですが，インターバル・シグナルらしきものも流れます．

- **RAEの時間ごとの周波数表**

  http://rae.radionacional.com.ar/programacion/

JAPONESを見つければ，放送時間帯と周波数がわかります．

日本での聴取が困難なのは，混信が多くてつぶされてしまうからです．

これをどうしてもキャッチしたければ，短縮形のダイポール・アンテナを回して混信から逃げるとか，後述する受信専用のマグネチック・ループ・アンテナで混信から逃げるとか，専用のビーム・アンテナを作るとか，工夫する必要があるでしょう．

短波をメインとする本書でインターネット・ラジオを取り上げるのは苦しいところですが，次にご紹介しておきます．

短波放送とパラレルにライブを聞けますが，時報を聞いていると短波放送より1分遅れていました．上述のURLにアクセスすると，右側にメニューがあります(**図4-1**)．右上に「En vivo」(英語

写真4-3　ハムフェアで尾崎さんから頂戴したHCJBの文字入り刺繍飾り

図4-1　RAEのWebサイト

写真4-4 Sonyの高級受信機，CRF-320．1975年発売で，定価32万円だった（ソニー歴史資料館蔵）

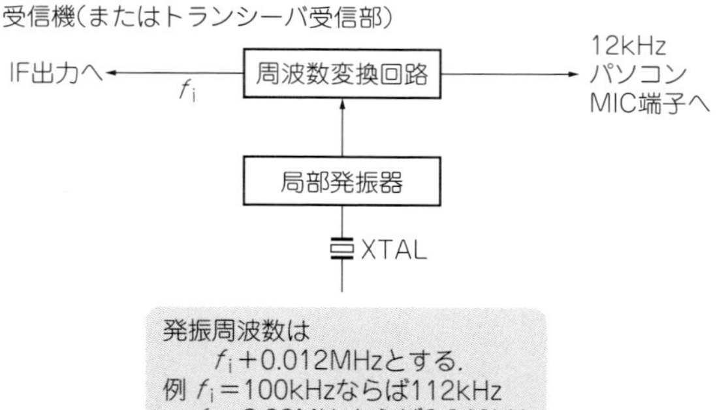

図4-2 DRMを受信するための回路（概念図）

のliveに相当）とあり，下のほうを見ていくと，日本語で「RAEライブ配信」というのがありますから，これをクリックします．左上にplayerの窓（Elegi tu emisora）が開き，4種のplayerのどれかで，現在の放送（日本語放送ではなくても）が聞けます．

面白いことに，もっと下にはLengua（英語のlanguage）の欄があり，「日本語」の文字が見えます．ちゃんと日本語の文字コードが埋め込まれているわけです．

さて，RAEのライブを聞いてみると，フェージングとか混信は皆無で，かつ良い音で聞けます．

写真4-5　DRM方式のラジオの画面には局名などが表示される（dream.exeの画面の一部）

これで，世界中の短波放送局がインターネット配信に向かう理由がわかります．

参考までに示しておくと，かつてCRF-320というSonyの高級受信機がありました．1975年発売で，定価32万円だったそうです．アマチュア無線用の100W HFトランシーバよりも高価でした（**写真4-4**）．

● その他

- DRM（Digital Radio Mondiale）

外国の短波放送局の一部が，この方式で送信しています．**図4-2**のようにして受信します．

AMモードで聞くとザァ～っという感じの音が

写真4-6　2006年2月5日に撮影した名崎送信所の鉄塔群

聞こえるだけです．受信機にIF-OUT端子があって，100kHzとか8.83MHzが取り出せるならしめたもの．簡単なコンバータで12kHzに落とします．パソコンにはdream.exeをインストールしておきます．この12kHzをマイク端子に接続します．そうすると，画面には局名などが表示され(**写真4-5**)，アナウンスや音楽などが聞こえてきます．

フェージングで途切れることもありますが，良い音です．放送局によってはステレオ放送を実施しています．いずれにしても，従来の短波放送とは全然違います．

インターネットで「DRM radio」の2語で検索すると，日本語で解説したWebサイトを見つけられます〔ただのDRMだけだと，デジタル著作権管理(Digital Rights Management)ばかりヒットする〕．次のURLを参考にしてください．

- **DIGITAL radio mondiale　the FUTURE of global radio**
  http://www.drm.org/
- **dream.zipのdownload**
  http://www.b-kainka.de/Dream.zip

●USB放送

SSBは無線電話だけで使うものと思っていたら，違いました．現在，筆者が知る限りでは，5765kHzに英語の放送があります．

AFN LOS ANGELES (GUAM) 5765kHz 出力

3kW

- **AFN Los Angelesの時間毎の周波数表**
  http://www.shortwaveschedule.com/index.php?station=663

これで見ると，Guam(Barrigada，アマチュア無線の世界ではKH2)と，Diego Garcia(アマチュア無線の世界ではVQ9)から放送されていますね．東京では5765kHzがよく聞こえます．過去には，USB放送がもっと存在したと記憶しています．

- **日本短波クラブJSWC**
  〒248-8691 鎌倉郵便局私書箱44号
  月刊短波(JSWC会員の赤林氏が運営しているWebサイト)
  http://www5a.biglobe.ne.jp/~BCLSWL/
- **NDXC**
  http://www.ndxc.org/

写真4-6は，2006年2月5日に撮影した名崎送信所の鉄塔群です．かつて短波帯の標準電波を多くの周波数で送信していましたが，このとき空中線が張られて稼働している鉄塔はわずかで，寂しい光景でした．

(2) SWL

これは，Short Wave Listenerの略です．いうなれば，短波受信愛好家です．

BCLもこの中に含まれると筆者は考えていますが，短波放送局以外のユーティリティ無線とかアマチュア無線を傍受して楽しみます．ヨーロッパには熱心なSWLが多いようです．

受信機は，いわゆる「ラジオ受信機」ではなくて，通信型受信機が必須です．言わずもがなですが，AMのほかにSSB，CW(モールス)を受信できる機能が欠かせません．

周波数は公表されていない無線局もあり，連続的に受信周波数を変えられるダイヤルは必要不可欠です．アマチュア無線家になった場合も(送信時に受信機能を停止させるミュート回路があれば)立派なサブ受信機として使えます．ただ，テンキーだけの受信機は使いにくくて不向きです．

ユーティリティ無線とは，一般人に聴取されることを考慮していない無線のことです．

簡単に言えば，(アマチュア業務を除く)業務無線です．

- 短波帯のユーティリティ無線
  - 航空機の洋上管制(地上局と航空機局の交信)
  - 船舶通信(船舶局－船舶局，船舶局－海岸局)
  - RTTY(有線通信の世界のTelexを無線で行うもの)
  - FAX(日本の気象FAX，認識信号JMHは現在も受信可能，外国のFAXも受信可能)
  - ナンバーステーション(暗号放送；音声，モールス，RTTYなど)

興味がある方は，

http://www.simonmason.karoo.net/

にアクセスしてみてください．

- Letter beacon

ロシア国内各地から，アルファベット一文字だけを連続して送信されているビーコン，ハムバンドの7.039MHzあたりでKとかMが聞こえるのはその1波です．

- その他いろいろ

駄目元(だめもと)で，受信報告書を送って，ベリカードをもらったという話もあります(業務局のベリカードを集めるマニアもいるようだ)．そして，アマチュア無線の交信を熱心にワッチ(傍受)するSWLも存在します．その場合は，だいたい，SWLナンバーを当該国のアマチュア無線連盟から発給されています．

SWLナンバーは必須の事項ではなくて，SWLナンバーなしでアマチュア無線の傍受をして受信報告書を安く送り，アマチュア無線局から受信証明書をもらうこともできます．筆者も，あるアマチュア無線局の交信を傍受して郵便でレポートを送り，ていねいなお手紙，写真とカードをいただ

写真4-7 茨城県古河市にあるKDDI八俣(やまた)送信所のアンテナ群．NHKの短波国際放送，NHKワールド・ラジオ日本の送信所

いたことがあります．

日本では，日本アマチュア無線連盟がSWLナンバーを発給しています．

アマチュア局の免許がない会員は，「准員」となります．連盟経由で，アマチュア無線局の受信報告書をまとめて割安に送り，受信証明書(確認書)を受け取ることができます．

- **JARL(日本アマチュア無線連盟)入会案内**
  http://www.jarl.or.jp/Japanese/5_Nyukai/nyukai-7.htm

筆者も，この50余年の間に，国内・国外からSWLレポート(受信報告書)を何度も受け取りました．SWLにもコンテストとかアワード(賞状)があります．ハムになってからも，SWLナンバーを活かしてSWL活動をする人もいます．

● 短波を使ったレーダーがある！

10数年前の夏にクルマで走行中，きまぐれで25MHz帯付近を探っていました．AMモードで受信していたのですが，所々でピィッ・ピィッと笛みたいな音が聞こえました．不思議に思ってインターネットで質問したり調べたりしたところ，海の潮流や波高を調べる海洋短波レーダとわかりました．数十kHzの幅をレーダの電波が一定間隔でスキャンしながら送信しています．日本では5MHz帯，13MHz帯，24MHz帯が使われています．何か情報がわかるわけではありませんが，短波の世界もいろいろだと痛感させられた信号でした．

USBで受信すると，チュッチュッという短い音が聞こえます．インターネットで海洋短波レーダを検索してみるといろいろな情報がヒットします．

第５章

ハムになる道
～アマチュア無線局開設には免許が必要～

第4級アマチュア無線技士，第3級アマチュア無線技士の資格は，国家試験を受ける方法のほかに，講習会で取得する手段があります．第4級に受かった勢いに乗ってすぐに第3級を受験する人も少なくありません．

アマチュア無線局は，国が免許する無線局です．

開設する手順としては，まず無線従事者免許（表のとおり4資格ある）を取得します．この段階では，呼出符号はありませんし，無線局が免許されたわけではありません（この段階で，アマチュア無線用通信機にアンテナをつないで電波を発射すると，電波法違反になる）．

● アマチュア無線技士の資格と操作範囲

アマチュア無線技士の資格	操作できる範囲	資格取得の方法
第1級	すべてのアマチュアバンドで運用ができる．	国家試験 毎年4月，8月，12月
第2級	すべてのアマチュアバンドで運用ができる．空中線電力は200W以下．	国家試験 毎年4月，8月，12月
第3級	10MHz，14MHz帯をのぞくすべてのアマチュアバンドで運用できる．空中線電力は50W以下．	講習会または国家試験
第4級	10MHz，14MHz，18MHz帯をのぞくすべてのアマチュアバンドで運用できる．空中線電力は10W以下，50MHz，144MHz，430MHz帯は20W以下，モールス通信（無線電信）はできないが，データ通信は免許される．	講習会または国家試験

無線従事者免許証を取得したら，いよいよ無線局開設の申請をするわけです．現在は，所有する資格に応じた空中線電力で，

第4級アマチュア無線技士なら10W（VHF/UHFは20W），

第3級アマチュア無線技士なら50W，

第2級アマチュア無線技士なら200Wまで，

が技適(*)機種を使うなら，容易に免許されます（*技適については後述）．ただし，移動するアマチュア無線局の空中線電力は，第2級，第1級を所持していても50Wまでしか免許されません．

免許されると呼出符号（識別信号）が付与されます．これでめでたく電波を通じてほかのアマチュア無線局と交信できるようになります．

要するに，開局するまでには2段階の手順を踏まねばなりません．

問題は，国家資格であるアマチュア無線技士の従事者免許証の取得です．原則的には国家試験を受けて合格することですが，第4級アマチュア無線技士と第3級アマチュア無線技士については，しかるべき機関が実施する「養成過程」講習会を受講して修了試験に合格すれば，無線従事者免許証を手にすることができます．

本書では，第4級および第3級アマチュア無線技士について触れます（第2級，第1級については養成課程で従事者免許証を取得する道はない）．

（1）国家試験

以前は，4月と10月の2回しか受験チャンスがありませんでした．筆者が電話級アマチュア無線技士（現在の第4級に相当）を受けた1959年の試験は，電波法規，無線工学，いずれも記述式で10問ずつ

で，結構難しかったです．

現在は，国家試験を公益財団法人 日本無線協会が実施しています．

http://www.nichimu.or.jp/

ホームページの「無線従事者国家試験」の窓から，「第三級および第四級アマチュア無線技士」を選択すると，パッと「試験地・試験の日時」(PDF)が表示されます．

この「試験地，試験の日時」が以前よりも相当増えました．受験申請はインターネットからも行うことができます．

試験の内容については，第4級アマチュア無線技士は法規(国内法)と無線工学，第3級アマチュア無線技士は法規(国際電気通信連合条約及びモールスによる通信の理解度も含む)および無線工学(電信の送信波形に関する知識を含む)で，電気通信術(実技)はありません．

今は，いろいろな書籍のほか，インターネットにも有用な情報がありますから，容易に合格できると思います．受験資格に年齢制限はありませんが，無線工学については，四則演算と分数，小数の学習が済んでいることが望ましいと思います．

マスターしておくべきことはいろいろあるのですが，エッセンスだけをご紹介します．

第4級の法規では，アマチュア無線業務，目的外通信，良質な電波の意味．無線工学では，AGC，ALC，IDCの意味と機能，周波数変換の原理，SSBの性質，短波と超短波の電波伝搬の違いについて，$\lambda=300/f$，電波障害対策，周波数の単位・Hz・kHz・MHzの関係がわかっていること．

第3級の法規では，国内法と国際電気通信連合条約で若干の言葉の違いがあることを覚える．アマチュア業務で禁止されていること．無線電信で使われるQ符号と略号．「·」と「—」の組み合わせによるモールス符号を解読できること．工学では，可変容量ダイオードとツェナー・ダイオード，アンテナのローディング・コイルの役目，電信送信機の動作状態と電波の波形の関係(**表5-1**，**表5-2**，**表5-3**)．第8章「無線電信」に説明．

(2) 養成課程講習を受講する

第4級アマチュア無線技士と，第3級アマチュア無線技士(4アマ所持者対象)に関しては，養成課程講習会を受講し，修了試験にパスすれば，無線従事者免許証を取得できます．

実施機関は一般財団法人 日本アマチュア無線振興会(JARD)ですが，地方のハムショップなどが実施する講習会もあります．

JARD直営教室については，

http://www.jard.or.jp/index.html

で，各地で実施される講習会日程を知ることができますし，受講申し込みはインターネットでもできます．若干の費用がかかりますが，講習を受けられるので独習より理解が進みやすいと思います．

受講生には教科書と模擬試験の問題集が渡されます．模擬試験の問題が全部解ければ大丈夫です．

講習の日数と時間は次のとおりです．

第4級：初日は法規6時間，2日目は無線工学4時間で2日間かかります．無線工学4時間の後，修了試験が行われます．

第3級：第4級アマチュア無線技士の資格所持者対象です．1日で済みます．無線工学2時間，法規4時間の講義の後に修了試験があります．

第4級の資格を取得したら，ほとぼりが冷めないうちに，第3級の講習会受講をお勧めします．

無線局の開設

無線従事者免許証を取得したら，次は無線局開局申請をします．技適機種を使う場合は手続きが容易です．

無線局の開局申請については，いろいろな参考書やインターネット情報などがありますから，本書では割愛します．電子申請もできます．

表5-1　Q符号(抜粋)

Q符号	問い	答え又は通知
QRA	貴局名は，何ですか.	当局名は，……です.
QRK	こちらの信号(又は……（名称又は呼出符号)の信号)の明りよう度は，どうですか.	そちらの信号(又は……（名称又は呼出符号)の信号)の明りよう度は， 1　悪いです. 2　かなり悪いです. 3　かなり良いです. 4　良いです. 5　非常に良いです.
QRM	こちらの伝送は，混信を受けていますか.	そちらの伝送は， 1　混信を受けていません. 2　少し混信を受けています. 3　かなり混信を受けています. 4　強い混信を受けています. 5　非常に強い混信を受けています.
QRU	そちらは，こちらへ伝送するものがありますか.	こちらは，そちらへ伝送するものはありません.
QRX	そちらは，何時に再びこちらを呼びますか.	こちらは，……時に(……kHz（又はMHz)で)再びそちらを呼びます.
QRZ	誰がこちらを呼んでいますか.	そちらは,……から(……kHz(又はMHz)で)呼ばれています.
QSA	こちらの信号(又は……（名称又は呼出符号)の信号)の強さは，どうですか.	そちらの信号(又は……(名称又は呼出符号)の信号)の強さは， 1　ほとんど感じません. 2　弱いです. 3　かなり強いです. 4　強いです. 5　非常に強いです.
QSL	そちらは，受信証を送ることができますか.	こちらは，受信証を送ります.
QSW	そちらは，この周波数(又は……kHz（若しくはMHz))で(種別……の発射で)送信してくれませんか.	こちらは，この周波数(又は……kHz（若しくはMHz))で(種別……の発射で)送信しましょう.
QSY	こちらは，他の周波数に変更して伝送しましょうか.	他の周波数(又は……kHz（若しくはMHz))に変更して伝送してください.
QTH	緯度及び経度で示す(又は他の表示による.)そちらの位置は，何ですか.	こちらの位置は，緯度……，経度……(又は他の表示による。)です.

(注)Q符号を問いの意義に使用するときは，Q符号の次に問符をつけなければならない.

技適機種とは

アマチュア無線機に関しては，日本アマチュア無線振興協会が検査し，技術基準適合証明書を発行した機種で，技適番号が付けられています．同じモデルでも，10W機，50W機，100W～200W機

表5-2 略符号・略語(抜粋)

略符号(無線電信)	略語(無線電話)	意　義
$\overline{\mathrm{AR}}$	終り	送信の終了符号
$\overline{\mathrm{AS}}$	お待ちください	送信の待機を要求する符号
$\overline{\mathrm{BT}}$		同一の伝送の異なる部分を分離する符号
CQ	各局	各局あて一括呼び出し
DE	こちらは	……から(呼出局の呼出符号又は他の識別表示に前置して使用する.)
EX	ただいま試験中	機器の調整又は実験のため調整符号を発射するときに使用する.
EXZ		欧文の非常通報の前置符号
$\overline{\mathrm{HH}}$	訂正	欧文通信及び自動機通信の訂正符号
HR		通報を送信します.
K	どうぞ	送信してください.
NIL		こちらは，そちらに送信するものがありません.
OK		こちらは，同意します(又はよろしい.).
$\overline{\mathrm{OSO}}$	非常	非常符号
R	了解	受信しました.
RPT	反復	反復してください(又はこちらは，反復します.). (又は……を反復してください.).
$\overline{\mathrm{SOS}}$	遭難又はメーデー	遭難信号
TU		ありがとう
$\overline{\mathrm{VA}}$	さようなら	通信の完了符号
VVV	本日は晴天なり	調整符号

(注)文字の上に線を付した略符号は，その全部を1符号として送信するモールス符号とする.

の技適番号は違います．将来，上級資格を取得して，50W局とか100W局を開設するからと，空中線電力が大きい機種を購入してはいけません．無線従事者免許の操作範囲を超える出力の技適番号の機種では免許されません(10W機であっても機種によっては50W，100Wへとメーカーのアップグレードを受けられることがあるので，購入する場合，事前に調べておくとよい).

本書では，できるだけお金をかけずに短波帯通信を楽しめるトランシーバを以下に紹介します.

表5-3　欧文モールス符号（抜粋）

1 文字

符号	文字
・－	A
－・・・	B
－・－・	C
－・・	D
・	E
・・－・	F
－－・	G
・・・・	H
・・	I
・－－－	J
－・－	K
・－・・	L
－－	M
－・	N
－－－	O
・－－・	P
－－・－	Q
・－・	R
・・・	S
－	T
・・－	U
・・・－	V
・－－	W
－・・－	X
－・－－	Y
－－・・	Z

2 数字

符号	数字
・－－－－	1
・・－－－	2
・・・－－	3
・・・・－	4
・・・・・	5
－・・・・	6
－－・・・	7
－－－・・	8
－－－－・	9
－－－－－	0

3 記号

符号	記号
・－・－・－	・終点
・・－－・・	？問符
・－－－－・	’略符
－・－－・	（ 左カッコ
－・－－・－	） 右カッコ
－・・－・	／ 斜線又は除法の記号
・－－・－・	@単価記号

4 数字の略体

符号	数字
・－	一　又は　1
・・－	二　又は　2
・・・－	三　又は　3
・・・・－	四　又は　4
・・・・・	五　又は　5
－・・・・	六　又は　6
－・・・	七　又は　7
－・・	八　又は　8
－・	九　又は　9
－	○　又は　0

（注）　符号の線及び間隔

① 一線の長さは、三点に等しい。
② 一符号を作る各線又は点の間隔は、一点に等しい。
③ 二符号の間隔は、三点に等しい。
④ 二語の間隔は、七点に等しい。

すべて，短波帯ハムバンドの交信と，ハムバンド以外の周波数の受信を楽しむことができます．

なお，後述するデータ通信を行う場合は，所定の書類に構成図，データ通信の仕様を記入して，TSSへ提出し，保証認定を受ける必要があります．自作機，JARL保証認定機種やJARL保証認定抹消機種でアマチュア局を開設する場合も同様です．詳細は下記のWebサイトでご覧ください．

- **TSS保証事業部**
  http://www.tsscom.co.jp/
- **総務省　電波利用　電子申請・届け出システムLite**
  http://www.denpa.soumu.go.jp/public2/

インターネットでの申請の場合は，最初に「新規ユーザー登録」をすることが必要です．eTaxで要求されるような電子証明書は要りません（だからLiteなのだ）．新設，再免許とも従来の書類提出による申請よりも費用が安いですから大いに利用しましょう．届け出もこのシステムでできます．

筆者も数年前から，このシステムのお世話になっています．

なお，アマチュア無線局以外に関しては「電子証明書方式」になっています．

ところで，呼出符号が付与されたらすぐに交信できますが，和文通話表で自分の姓と，英文通話表のすべてを言えるようにしておいてください．いずれも交信を始めたら必要になります．無線電話ではよく聞き取れないことがありますが，そのときに通話表が不可欠になります（**表5-4**，**表5-5**）．

表5-4　欧文通話表

文字	使用する語	発音 ラテンアルファベットによる英語式の表示 （国際音標文字による表示）
A	Alfa	AL FAH('ælfə)
B	Bravo	BRAH VOH('bra:'vou)
C	Charlie	CHAR LEE('tʃa:li)又はSHAR LEE('ʃa:li)
D	Delta	DELL TAH('deltə)
E	Echo	ECK OH('ekou)
F	Foxtrot	FOKS TROT('fɔkstrɔt)
G	Golf	GOLF(gɔlf)
H	Hotel	HOH TELL(hou'tel)
I	India	IN DEE AH('indiə)
J	Juliett	JEW LEE ETT('dʒu:ljet)
K	Kilo	KEY LOH('ki:lou)
L	Lima	LEE MAH('li:mə)
M	Mike	MIKE(maik)
N	November	NO VEM BER(no'vembə)
O	Oscar	OSS CAH('ɔskə)
P	Papa	PAH PAH(pa'pa)
Q	Quebec	KEH BECK(ke'bek)
R	Romeo	ROW ME OH('roumiou)
S	Sierra	SEE AIR RAH(si'erə)
T	Tango	TANG GO(tæŋgo)
U	Uniform	YOU NEE FORM('ju:nifɔ:m) OO NEE FORM('u:nifɔrm)
V	Victor	VIK TAH('viktə)
W	Whiskey	WISS KEY('wiski)
X	X-ray	ECKS RAY('eks'rei)
Y	Yankee	YANG KEY('jæŋki)
Z	Zulu	ZOO LOO('zu:lu:)

表5-5　和文通話表

ア　朝日(あさひ)のア	イ　いろはのイ	ウ　上野(うえの)のウ	エ　英語(えいご)のエ	オ　大阪(おおさか)のオ
カ　為替(かわせ)のカ	キ　切手(きって)のキ	ク　クラブのク	ケ　景色(けしき)のケ	コ　子供(こども)のコ
サ　桜(さくら)のサ	シ　新聞(しんぶん)のシ	ス　すずめのス	セ　世界(せかい)のセ	ソ　そろばんのソ
タ　煙草(たばこ)のタ	チ　ちどりのチ	ツ　つるかめのツ	テ　手紙(てがみ)のテ	ト　東京(とうきょう)のト
ナ　名古屋(なごや)のナ	ニ　日本(にっぽん)のニ	ヌ　沼津(ぬまづ)のヌ	ネ　ねずみのネ	ノ　野原(のはら)のノ
ハ　はがきのハ	ヒ　飛行機(ひこうき)のヒ	フ　富士山(ふじさん)のフ	ヘ　平和(へいわ)のヘ	ホ　保険(ほけん)のホ
マ　マッチのマ	ミ　三笠(みかさ)のミ	ム　無線(むせん)のム	メ　明治(めいじ)のメ	モ　もみじのモ
ヤ　大和(やまと)のヤ	———	ユ　弓矢(ゆみや)のユ	———	ヨ　吉野(よしの)のヨ
ラ　ラジオのラ	リ　りんごのリ	ル　るすいのル	レ　れんげのレ	ロ　ローマのロ
ワ　わらびのワ	ヰ　ゐどのヰ	———	ヱ　かぎのあるヱ	ヲ　尾張(をわり)のヲ
ン　おしまいのン	゛　濁点(だくてん)	゜　半濁点(はんだくてん)	———	———
数　字				
一　数字(すうじ)のひと	二　数字(すうじ)のに	三　数字のさん	四　数字のよん	五　数字のご
六　数字のろく	七　数字のなな	八　数字のはち	九　数字のきゅう	○　数字のまる
記　号				
｜　長音(ちょうおん)	、区切点(くぎりてん)	└　段落	︵　下向括弧(したむきかっこ)	︶　上向括弧(うわむきかっこ)

トランシーバ4機種の説明

比較的安価で入手しやすいトランシーバもご紹介しておきましょう．製造中止になっているものも出てくるかもしれないので，購入する際はご確認ください．モデル名のアルファベット順に記載しました．

なお，ここで表記した受信周波数範囲は，ハムバンド以外はメーカーが保証していませんが，聞こえます．ただし，下限付近は感度が悪いと思ってください．

● DX-SR8（写真5-1）

HFのみ．FMモードあり．

受信範囲は135kHz～29.99999MHz.

コストパフォーマンス抜群．50W機と100W機はあるが，残念ながら10W機はない．フロントパネルは写真のようにセパレート・キットを使えば，フロンパネルを離れたところで使える．技適機種ではないので，TSSの保証認定を受ける必要がある．

オート・アンテナ・チューナは外付け．どちらかといえば，中級者向けのトランシーバ．

ロング・ワイヤー（単線の垂直アンテナも含む）用のオート・アンテナ・チューナとして，EDX-2がある．

● FT-450DS（写真5-2）

HFと50MHz（FMモードあり）．

受信範囲は30kHz～56MHz.

技適機種．10W機を50W機，もしくは100W機にするのはメーカーのサービスで対応してくれる（有料）．オート・アンテナ・チューナ内蔵（*SWR*3以下に対応）．

フロントパネルはセパレート式ではない．ロング・ワイヤー用アンテナ・チューナはFC-40が用意されている．

●IC-7200S（写真5-3）

HFと50MHz（FMモードなし）．

受信範囲は30kHz～60MHz.

10W機で技適機種．50W，100Wへのアップグレードはできない（単に50Wとか100Wにするには，リニアアンプを外付けする方法がある．短波受信が主なら10W機で十分過ぎる性能がある）．

フロントパネルはセパレート式ではない．オート・アンテナ・チューナは外付け．2種類用意されている．

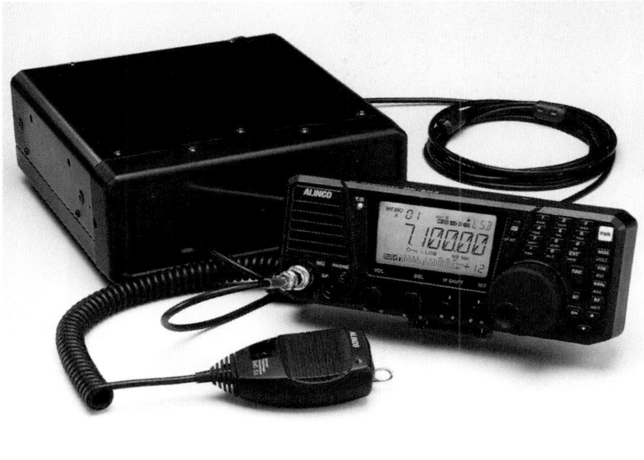

写真5-1　アルインコ DX-SR8
価格はオープンだが，実質価格は本書執筆時点での最安値のひとつと言える．DX-SR8J/100WタイプとDX-SR8M/50Wタイプがある．本製品は技適でないためTSSの保証認定が必要だが，申請方法は製品に同梱の説明書にある

写真5-2　YAESU FT-450DS

写真5-3　アイコム IC-7200S

AT-180　　SWR3以下のアンテナ用
AH-4　　　ロング・ワイヤー用

●TS-480VAT（写真5-4）

HFと50MHz．FMモードあり．

受信範囲は0.5 ～30MHz，50 ～54MHz．

10W機を50W機，100W機にパワーアップ可能（メーカーで対応，有料）．

フロントパネルはセパレート式可能（パネル延長キット，PG-4Zが必要）．オート・アンテナ・チューナ内蔵．

写真5-4　ケンウッド TS-480VAT

●IC-706MKⅡG（写真5-5）

筆者が過去に車載して使用していたものです．

オート・アンテナ・チューナについて

4種のトランシーバについて，オート・アンテナ・チューナの有無を記したのには理由があります．入門者には「オート・アンテナ・チューナ内蔵」をお勧めしますが，だいたいはロング・ワイヤー・アンテナには対応しないと考えてください．

トランシーバ内蔵チューナは，おおむね*SWR*3以下のアンテナに対応しています．より遠くまで電波を飛ばそうと思ったら，固定用でもモバイル用でも，使用バンドで*SWR*3以下のアンテナを使うことが肝要ですから，一見不便そうですがこれで十分です．

ロング・ワイヤー用は，幅広いインピーダンスに使えますが，電圧給電は駄目と思ってください．便利そうですが，問題もあります（第6章，p.44参照）．

写真5-5　短波のイージーリスニング?
モービル用HFトランシーバは，前面パネル（コントロール・パネル）をはずして，専用ケーブルで本体と接続して使えるタイプの機種がある．これは，自宅で使ってもなかなか便利．実際に，手持ちの古いトランシーバ1台をこの方法でベッドで横になって短波を聞いていたりする．身体的・健康的理由で，横になったままの人にも便利ではないかと思う．ただ一つ，注意点があり，受信中に眠ってしまって，コントロール・パネルをベッドから落としたりすると，液晶パネルを損傷させる可能性があること

第6章

アンテナについて
～受信も送信もアンテナ次第～

電波の出入り口となる空中線(アンテナ)はとても重要なアイテムです．この基本的な性質を理解して，自作してみましょう．昔のハムは，ワイヤー・アンテナであっても既製品がなかったので，自作するのが当たり前でした．

6-1　受信用アンテナ

送信用と違い，受信用アンテナは本来屋外に設置するのが望ましいのですが，木造家屋ならば室内に設置しても何とかなる場合があります．

普通は，屋外に適当な長さの垂直アンテナやロング・ワイヤ(アンテナ線をL形に展開)を張れば受信できます．いずれも良い接地(アース)が必要です．

さて，受信機のアンテナ端子(通常はM形コネクタのメス)の中心にアンテナ線を接続すればいいわけですが，ここに一つ問題があります．受信機は室内にあるわけですから，数mのアンテナ線は室内を通ることになりますが，屋内には意外に雑音発生源があるのです．

今は，多くの家庭にパソコンがありますが，パソコンは短波帯に雑音を発生しています．ですから，アンテナから受信機までは「同軸ケーブル」で接続することをお勧めします(**図6-1**)．

また，既製品で短波帯からVHF，UHFまでカバーする受信専用アンテナなどがありますので，予算に余裕がある場合は使うのもいいと思います．

将来アマチュア無線を始めるつもりなら，7MHz用の½波長ダイポール・アンテナ(＝ダブレット・アンテナ)を張れば，3.5MHz～30MHzまで――整合(※)はとれませんが――受信できます．

アンテナ線の長さは1λ(1波長)の½ですから，21.42mになりますが，導体上では電波の速さが光速より若干遅くなることを考慮し短縮率0.96を乗じると，20.57mとなります．家の敷地の対角線がこれより短い場合は，アンテナ線を折り曲げたりしてこの長さにします．両端を5mくらい折り曲げても大丈夫です(**図6-2**)．

長さ21.42mだと，マルチ(複数の)バンドでそれなりの性能があるウィンドム・アンテナ(オフ・

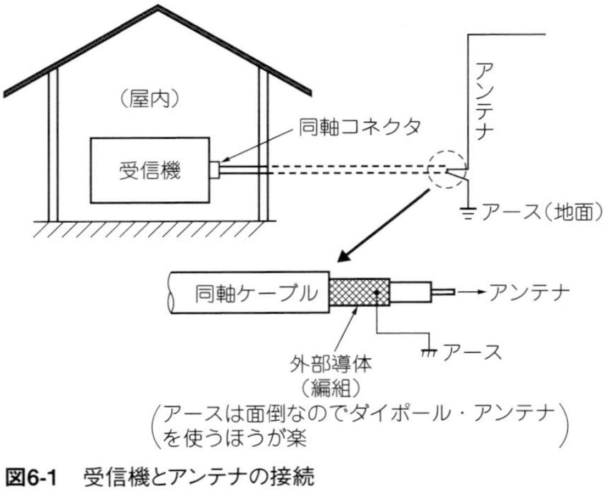

図6-1　受信機とアンテナの接続

※　アンテナのインピーダンス，給電線のインピーダンス，送受信機出力端子のインピーダンスを合わせること．整合が取れないと，送信出力は空中線から十分に飛んでいかない．

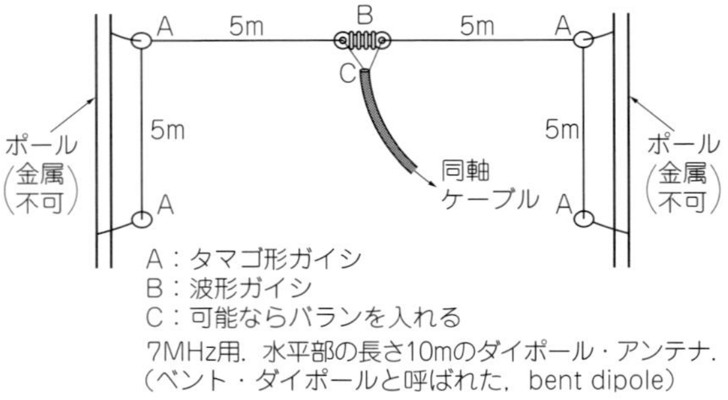

図6-2　両端を下に折り曲げたダイポール・アンテナ

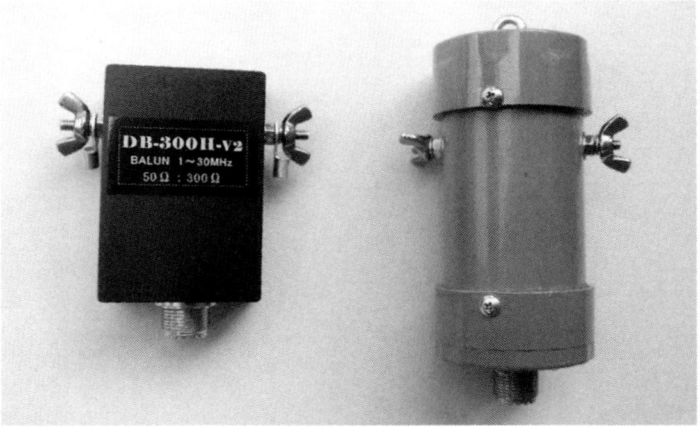

写真6-1　ウィンドム・アンテナ用のバラン

センター・フィード・アンテナ)もお勧めです．この場合は，300Ω：50Ω，もしくは200Ω：50Ωのバランが必要です(**写真6-1**)．筆者も，アマチュア無線用で長さ40mのマルチバンド用ウィンドム・アンテナを，ハムバンド以外を受信する目的に使っています．

このタイプのアンテナに興味がある方は，英語ですが下記URLが参考になります．いずれもアマチュア無線用の情報ですが，受信にも役立ちます．

- **The Windom Handbook**
  http://www.packetradio.com/windom.htm
- **Windom off center fed**
  http://www.w8ji.com/windom_off_center_fed.htm

ウィンドム・アンテナは，短波の下から上まで受信したい方にはなかなか良いアンテナだと思います．

特定の周波数帯に限って受信するなら，1λ(m)＝300/f（fはMHz)で計算して専用の½λダイポールを張ります．仮に，9.5MHz帯とすれば，アンテナ線の全長は15.15mになります．導体上では電波の速度が若干遅くなる影響を考えて，短縮率0.96をかけた値が実際の長さになります〔(300/9.5)×½×0.96=15.157［m]〕．

さて，水平に張ったダイポール・アンテナは，水平面の指向性が8の字ですから，アンテナ線と平行の方向の受信能力は著しく低下します．この性質を使うと，混信による受信障害を軽減できますから，回転できる機構にするのも良いことです(アマチュア無線用だと短縮型になるが，ロータリー・ダイポールといわれるメーカー製品がある．性能はなかなかいいようだ)．興味がある方は，アマチュア無線にも役立つ書籍『ワイヤーアンテナ』(CQ出版社，2003年)を参照してください．

アマチュア無線家はダイポール・アンテナでスタートし，経験を積むとタワーを建てて八木アンテナなどのビーム・アンテナを上げて頑張りますが，年をとってくると家族には無用の長物でしかないタワーとアンテナを撤去します．そして最後はワイヤー・アンテナに戻る方が多いようです．筆者もその道を歩みつつあります．ワイヤー・アンテナに始まり，ワイヤー・アンテナで終わる……これが短波マニアの道ではないでしょうか．

6-2　アマチュア無線用アンテナ

基本的には受信用と同じですが，アマチュア無線では「送信もする」ので，アンテナ線が運用周波数に共振し，かつ空中線と送信機(送信部)がきちんと整合※が取れることが極めて重要になります．なお，入門書という性質上，ビーム・アンテナについては割愛します．

(1) 基本は½波長ダイポール・アンテナ

国内交信を主眼とするなら，7MHz用の½波長ダイポールがイチオシです．ワイヤー・アンテナのキットやロータリー・ダイポール(アルミニウム製パイプ使用)もありますから，予算に合わせて選びます．とにかく，誰が使ってもよく飛ぶのはこれです．マルチバンド用もあり，これを使うと複数のバンド(周波数帯)で運用できます．

お小遣いが少ない場合は，後述するACコード(平行ビニル・コード)を流用した7MHz用ダイポールをお勧めします(第10章参照)．安価で性能はいいです．

タマゴ碍子2個と，波形碍子(**写真6-2**)があれば，あり合わせの電線(ビニル線を裂いたものとか，Fケーブルを裂いたもの)で作ることができます．ポールは長いものが1本と，短いもの2本で，**逆V形**(**Inverted V**)といわれる張り方がいつのころからか人気です．支持されたわけは，昔風に2本のポールの間にダイポール・アンテナを張ると，給電線である同軸ケーブルが重いため中心部が下がりV形になってしまいますが，逆V形ではその心配がないからと考えられます．もう一つ，具合が良いことに50Ωの同軸ケーブルで整合が取れることです．英語ですが，Inverted Vアンテナの寸法計算ができるWebサイトがありますので，参考にしてください．

http://www.hamuniverse.com/dipivcal.html

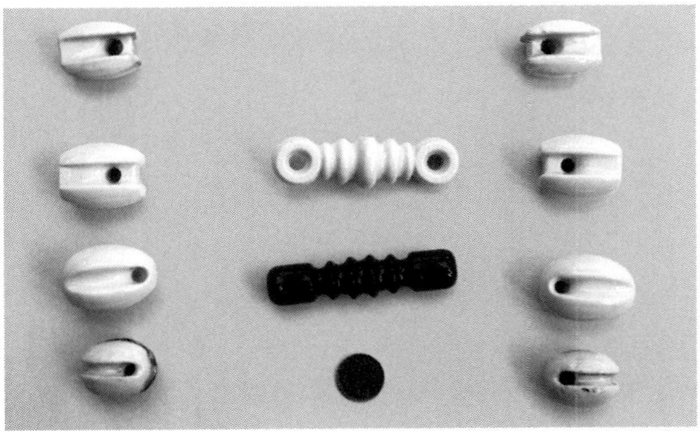

写真6-2　ワイヤー・アンテナに使う碍子類(中央・下の黒丸は10円硬貨)

同軸ケーブルの先端はバランを入れるといいのですが，空中線に直結でもかまいません．慣れてきたら，電線の長さとか逆Vの角度で整合を取ることも可能です．同軸ケーブルの長さは，理想的な整合が取れれば自由にしてかまいません．

アマチュア無線機器のアンテナ端子のインピーダンスは50Ωで設計されていますから，給電線は50Ω系を使います．75Ω系は買わないことです．ただ，緊急時で手元に75Ω系しかない場合は，アンテナ・チューナで注意深く整合をとれば何とか使えます．これは覚えておいて損はありません．

(2) バーチカル・アンテナ

基本的には，垂直型の¼波長の接地型アンテナです．その性質をよく考えて使うことをお勧めします．

端的にいうと，良い接地(アース)にはある程度費用がかかることと，国内には思いのほか飛ばないアンテナだということです．東京からですと，北海道とか九州とは交信できますが，近距離とはさっぱり交信できません．実は，電波の打ち上げ角が低いのでDX(遠距離)通信向きなのです．

遠くによく飛ばすには，建物の上に建てて，アースの代わりに地線(カウンターポイズ)を3～4本張ることです．この型式はグラウンド・プレーン(GPと略す)と言います．建てこんだ住宅地では雑音を拾いやすいし，実用性に欠けるアンテナとも言えます．周りに家がない平地や何もない丘の上，あるいは高層ビルの屋上(避雷装置必須)なら実用性があります．

空中線の長さが短くて済む，18MHz，21MHz，24MHz，28MHzならば½波長ダイポールを垂直に張って使うことも可能になりますが，飛び方は¼波長バーチカル・アンテナと同じです．この場合もDX向きとなります．電流の腹(電流の最大点)が高い位置になりますから，地面に近いところから建てた¼λバーチカル・アンテナよりも送受信ともに好結果を得られるでしょう.

(3) マルチバンド用バーチカル・アンテナ

歴史的には，Hy-Gainの14AVQが有名です．後から割り当てられたWARCバンドの10MHz，18MHz，24MHzには対応していませんが，1本で7/14/21/28MHzに使えるバーチカル・アンテナです．

意外に高価ですから，入門者用としてはお勧めしにくいのですが，高いビルの屋上に何十本もの地線を張って使うとDXに思いのほか飛ぶそうです．

また費用がかかりますが，2本ないし3本使って，指向性を持たせることも可能です．

http://www.hy-gain.com/pdffiles/AV-14AVQ.pdf

国内メーカー製にも同様なアンテナがあります．1本のバーチカル・アンテナで複数のバンドで使えるので魅力的です．しかし，HF対応のトランシーバ買った，アンテナつないだ，*SWR*の値は低い……しかし，国内とさっぱり交信できないと言うことになりかねませんので，用途によっては注意が必要です．アンテナが悪いわけではなくて，バーチカル・アンテナの最初のところで述べたとおり，打ち上げ角が低いからです．CWでのんびりDX交信したい場合は，一つの選択肢に入ります．

(4) モバイル用ホイップを流用する

筆者はクルマから3.5MHz～28MHzの送受信ができるように，いろいろなホイップ・アンテナを持っています(ホイップとは，騎手が使う鞭(むち)のことで，それに似た形であることから付けられた名称)．

クルマにアンテナを取り付ける場合，法令上の高さ制限があるので，市販ホイップ・アンテナの全長は長くても2.1m程度に収めています．

このアンテナを自宅で使えないだろうか？ 実は，アパートとかマンション住まいのハムは，アースを工夫してこのアンテナを使ったりしています．周波数帯ごとにアンテナを交換しなければならないのは面倒ですが，高い場所で使うとかなり飛ぶようです．地線(カウンターポイズ)をたくさん張ることが大切です．¼波長のバーチカルより性能が落ちるとは考えられますが，飛ぶのは確かです．

数年前，3.5MHz帯のモバイルを実験していました．昼間の3.5MHzはほとんど何も聞こえないのですが，車内でドカンと聞こえる局がありました．コールしてみたらきちんと交信できました．距離は十数km離れていましたが，あまりの強さに驚かされました．アンテナについて尋ねてみると，モバイル用の2m長3.5MHzホイップを2階の屋根に建て，20m長(すなわち3.5MHzの¼波長)のカウンターポイズ(地線)を数本張っているということを伺い，すごく感心し，かつ納得したことがあります．

もう一つ，面白い方法があります．7MHz用のモバイル用ホイップを2本使って，7MHz帯専用のロータリー・ダイポールを作るのです．給電とか整合の仕方は省略しますが，アイデアとしてご紹介しておきます(ほかのバンドも同じやり方で小形の短縮型ダイポールを作れる)．この方法は技術が必要ですから，ある程度，経験を積んでから実験してみるとよいでしょう．

(5) 給電線(フィーダ)

空中線とトランシーバを結ぶ導体(電線)がフィーダです．次に種類別に説明します．

① 単線

ロング・ワイヤー式アンテナの場合はこれになります．送信機の出力端子から先は「アンテナ」になってしまいます(単線の片端と下に折れ曲げる点に碍子を入れて，単線を逆L型に張った空中線がロング・ワイヤー・アンテナ)．

② 平行線フィーダ(平行2線フィーダ)

同軸ケーブルがポピュラーではないころ，アマチュア無線局が盛んにこの平行線フィーダを使いまし

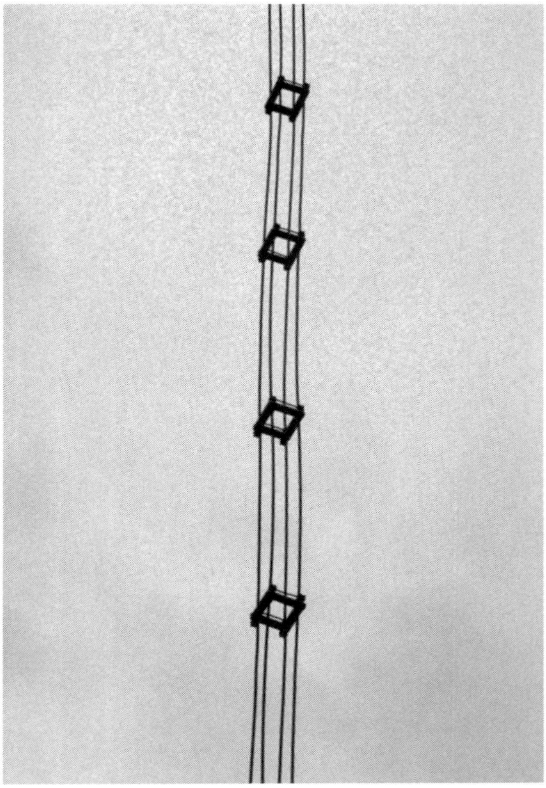

写真6-3　プロの無線局で使われる平行2線式フィーダを並列にした給電線

た．アマチュア無線局のシンボル的給電線でした．

構造は簡単で，2本の銅線を10cm間隔で張ったものです．間隔を一定に保つためのスペーサーには，割り箸にパラフィンをしみ込ませたものがよく使われました．インピーダンスは600Ωです(**写真6-3**)．

本格的な平行線フィーダは，同軸ケーブルよりも損失が少ないので，短波の大電力送信所では使われています．送信局舎内は，電磁波の放射を最小限にするために同軸ケーブルを使い，局舎外では平行線フィーダを使うようです．

VHFテレビ用アンテナからテレビ受像機までは，300Ωのフィーダ(別名リボン・フィーダもしくはテレビ・フィーダ)が使われました．このフィーダは安価で軽いので，フォールデッド・ダイポール・アンテナにして使うハムもたくさんいました．

テレビ放送が地デジに移行した現在は，生産されていませんから入手難です．ひと頃，FM放送が受信できるチューナとかオーディオ装置には，必ずと言っていいほど，このフィーダで作られたダイポール・アンテナが付属していました(**写真6-4**)．

なお，米国ではインピーダンス450Ωのフィーダの市販品が入手可能です(**写真6-5**)．

これ以外に，日本ではUHFテレビ用に200Ωフィーダがよく使われてきましたが，これも現在は生産されていませんから入手難です．

ここで強調しておきたいのは，「同軸ケーブルがすべてではなくて，同軸ケーブルを使わなくて電波の送受信はできる」ということです．

③ 同軸ケーブル(Coaxial Cable)とコネクタ

アマチュア無線用トランシーバは，現在，出力インピーダンスが50Ωになっています．細めの3D-2V，やや太めの5D-2V，かなり太い8D-2Vが普通使われますが，必要な同軸ケーブルの長さが

写真6-4　FM放送受信用フォールデッドダイポール

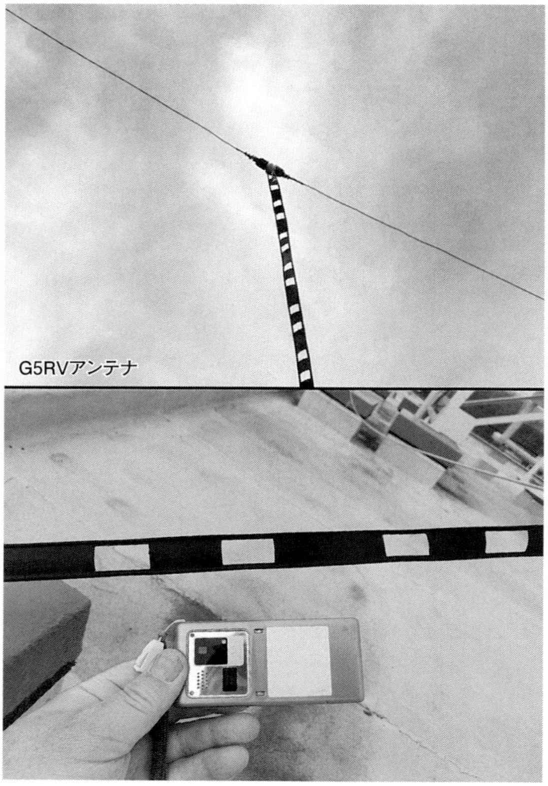

写真6-5 G5RVアンテナに使われている450Ωフィーダ．幅が24mm程度あり,300Ωフィーダより幅広

20m前後なら，3D-2Vで大丈夫です．お望みなら5D-2Vをお勧めします．100mくらい張るなら8D-2V，10D-2Vもいいですが，いずれも太くて硬いので，取り回しがかなりきつくなります．軽い無線機だと，同軸に物理的に振り回されかねません．曲げる必要がある無線機の近くだけ5D-2Vもしくは3D-2Vに変換すると具合がいいでしょう(**写真6-6**，**写真6-7**)．

HF帯用トランシーバとか受信機のアンテナ端子には，M型コネクタ(メス)が使われています．アンテナ側の同軸ケーブルにはM型コネクタのオスを接続する必要があります．M型コネクタは，同軸ケーブルを差し込む側の太さに違いがあり，3D-2V用，5D-2V用，8D-2V用などがありますから，自分ではんだ付けする場合は，同軸ケーブルのサ

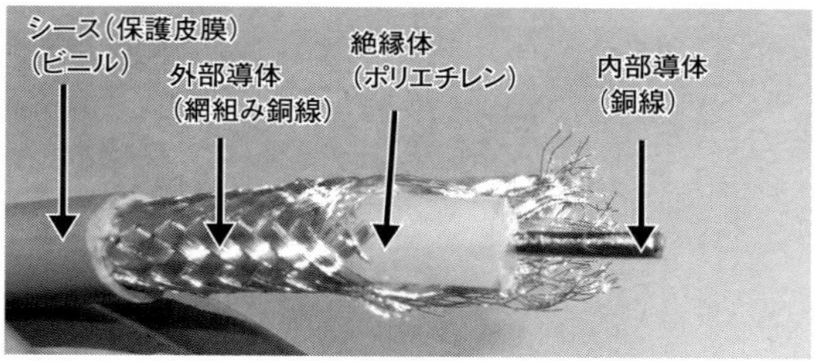

写真6-7 その構造(8D-2Vの場合)

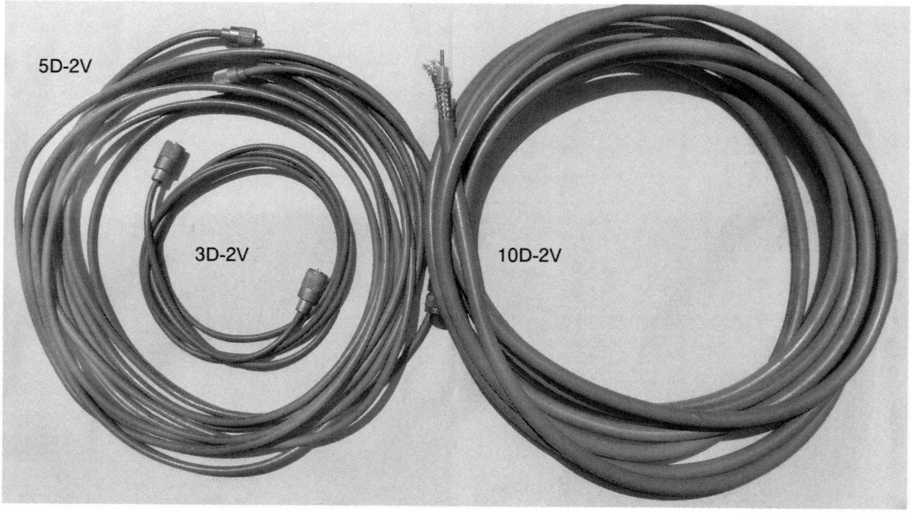

写真6-6 同軸ケーブル3種

写真6-8　M型コネクタのメス

写真6-9　M型コネクタのオス

イズに合わせて購入します(**写真6-8**，**写真6-9**)．オスのほうは使用するケーブルによって，はんだ付け側の形状が違うことに注意してください．同軸ケーブルとM型コネクタ(オス)の接続(はんだ付け)については，コラム2をご覧ください．

(6) カミナリ対策

昔，ワイヤー・アンテナが主流のころは，手動で空中線回路を接地側に切り替えるスイッチを設けるのが常識でした．避雷スイッチがパーツとして存在していました．

昔も今も変わりなく，落雷は非常に怖いです．無線機は壊れますし，最悪の場合は火災を起こします．ですから，アンテナを使わないときは，アンテナ線を受信機・無線機から外して接地することが重要です．カミナリに直撃されなくても，誘導雷で被害を被ることもあります．

(7) 接地(アース)

電気洗濯機，電子レンジ，エアコンの室外機には，漏電対策のアースを接続することが常識になっていて，長さ50cm程度のアース棒を地面に差し込みます．無線機器の漏電対策もこれと同様でかまいません．

ところが，高周波用アースはそういうレベルのものでは駄目で，広い面積の銅板(1～複数枚)とか何本もの銅線を地中に埋めないと良い性能が出せません．しかも「できるだけ短い導線」で整合装置(場合によっては無線機そのもの)に接続することが肝要です．せっかく上等なアースを作っても，整合装置までの距離が長いとアースに電波が乗ってしまう状態になり，とてもまずいのです．例えば，アース線が2.5mとすると，これは28 MHz帯では¼波長になってしまい，「アース線」になりません．

ついでながら，終段管が真空管だったころのトランシーバは，アース端子にアース線をつなぐとバチバチと火花が飛ぶことがありました．この理由は，電波障害およびACライン・ノイズ阻止のため，トランス1次側（AC100V）の二つの端子からコンデンサを介してシャーシに落とされているからです．ここを逆に伝って電圧が現れるのです．コンセントにどうつないでも，トランシーバのシャーシの対地電圧はAC50Vになります．それで火花が出るわけです．

片手でアース線，別の手でトランシーバのシャーシをさわると感電します．これは異常ではありませんが，注意が必要です．現在も，AC電源内蔵トランシーバでは同じ現象があるかもしれません（日本のAC100Vのラインは，片方はアースされており対地電圧は0Vになっている．もう片方のラインは対地電圧100Vとなる）．

（8）ワイヤー・アンテナで欠かせない知識「電流給電と電圧給電」

簡単な例として$\frac{1}{4}\lambda$接地型アンテナを挙げると，これは基部で電流が最大となる電流給電になり，通常の（HF）トランシーバのオートチューンで快調に同調が取れます．しかし，長いほうがいいだろうと，長さを$\frac{1}{2}\lambda$にしたとすると，これでは基部が電圧最大，電流最小になりますから，トランシーバ内蔵・外付けのオート・アンテナ・チューナではチューンが取れません．

同軸ケーブルがポピュラーでなかったころのハムには，電流給電と電圧給電の違いと給電方法を理解することは必須でした．しかし，今はこの点が触れられることは滅多にないようです．後述する，非常通信用にあり合わせの電線で空中線を作るときには必要不可欠な知識です．

電圧給電，電流給電がわかっていれば，同軸ケーブルがなくてもワイヤー・アンテナは作ることができます．平行線フィーダ（俗称，はしご形フィーダ）は真空管時代には多く使われました．同軸ケーブルなどはなかったのですが，電波はちゃんと飛びました（**図6-3**）．

図6-4には2種類の給電方法の「原理図」を載せました．ただし，現行のトランシーバにこの回路のチューナを自作してつなぐのは厳禁です．送信部終段部の半導体を壊すおそれがあるからです．

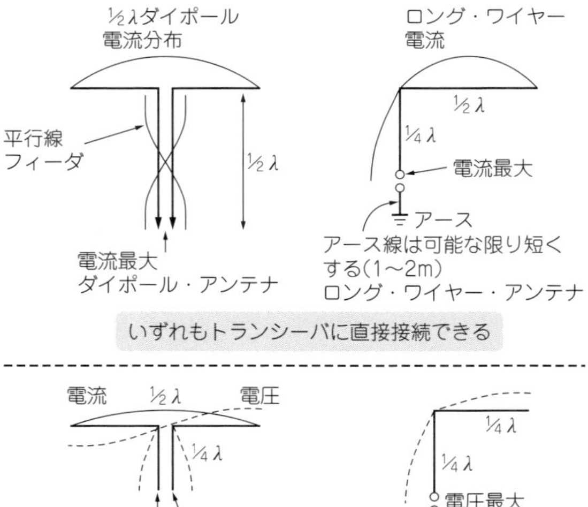

図6-3　電流給電と電圧給電

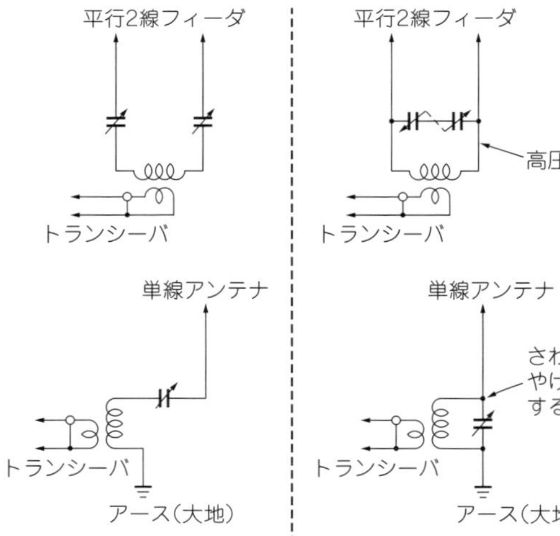

図6-4　2種類の給電方法の「原理図」

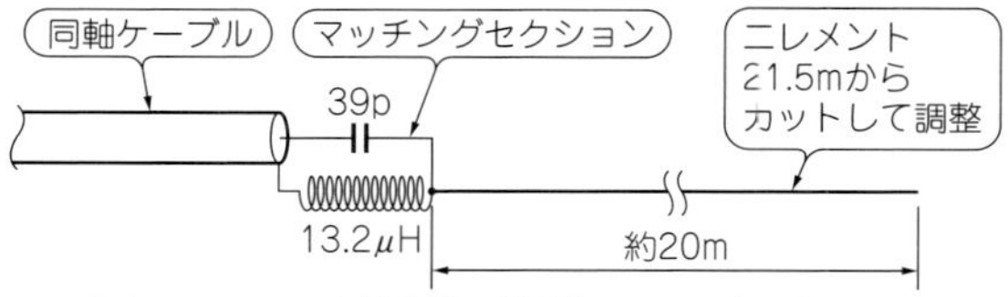

日本アマチュア無線機器工業会『アンテナ大研究』より
http : www.jaia.or.jp/shiryo/ido-unyou_kos.pdf

図6-5　7MHz用アンテナの構成

電波の飛び方はふれませんが，¼λの奇数倍の長さの導線は電流給電になること，½λの整数倍の長さの導線は電圧給電になることを覚えておいて損はありません．

HF用ワイヤー・アンテナの自作に興味を持たれたら，JAIAの「楽しい移動アンテナ大研究」のWebサイトをぜひ眺めてください．

http://www.jaia.or.jp/shiryo/2005ham.pdf

とりわけ，この中に紹介されている「電圧給電型」7MHz用アンテナの作り方は，大変参考になります(**図6-5**)．

なお，このケースに限りませんが，外付けの手動アンテナ・チューナで整合を取る場合は，送信出力を十分に下げて同調をきちんと取ってから，送信出力を規定値に上げることを厳守してください．これを守らないと，送信部終段部を壊すおそれがあります．この注意を怠ってトランシーバを故障させることがないように切にお願いいたします．

(9) バラン
(Balun : balanced-unbalanced lines transformer)

本章の(8)節で引用させていただいた，JAIAのプレゼンテーションの中に，バランの説明がありました．バランとは，平衡型の電気信号を不平衡の電気信号に変換する素子を指します(左右が対称形のダイポール・アンテナは平衡型の給電線，トランシーバのアンテナ端子は不平衡型の給電線に対応している)．既製品もありますが，キットもあります．自分でパーツを集めて自作することもできます．

次のWebサイトがバランの製作について参考になります．

- **無線遊びのススメ**

http://ddd.eek.jp/ddd/

また，ケーブルにパッチンとかませるフィルタ

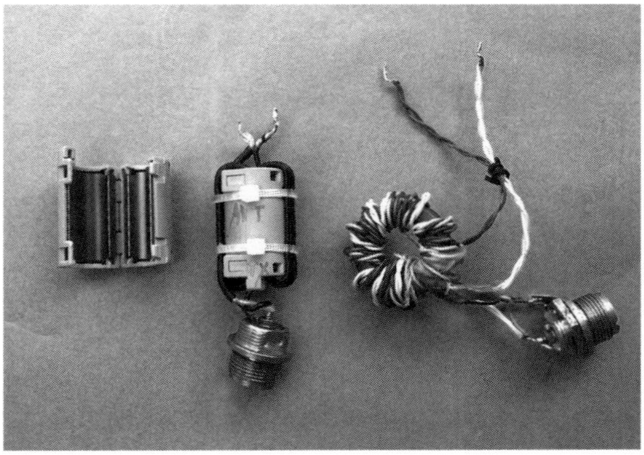

写真6-10　ケーブルにパッチンとかませるフィルタ(コア)で，バランを作る

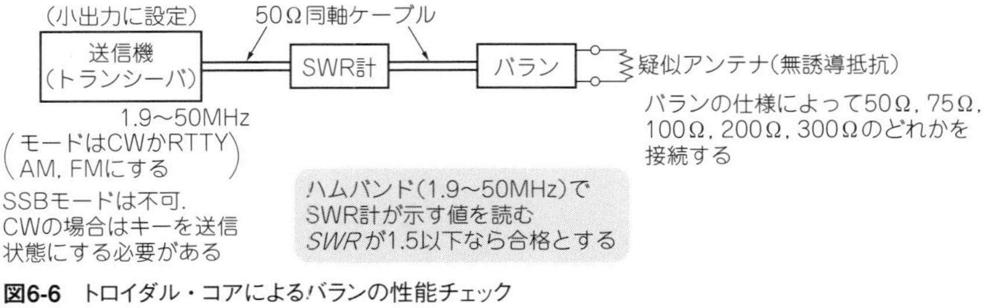

図6-6　トロイダル・コアによるバランの性能チェック

(コア)で，バランを作ることもできます(**写真6-10**)．既製品を分解してみたら，そのタイプのバランがありました．「パッチンコア」,「バラン」の2語で検索すると, 有用な情報がヒットします．コツコツと研究するハムが日本全国にいらっしゃるのは嬉しいことです．

フェライト・バーあるいはトロイダル・コアの仕様がわからないときは不安ですが，製作後，**図6-6**のような結線をしてローパワーの電力で送信し性能を調べることができます．*SWR*の値が1.9MHz～50MHz，あるいは自分が一番よく使う周波数帯で*SWR* 1.0～1.5ならば合格としましょう．

コラム2　同軸コネクタのオス(MP3またはMP5)に同軸ケーブルを接続する

① まずは，使用する同軸ケーブルと，それに合うM型コネクタを決めて購入します．

3D-2V用はMP3，5D-2V用はMP5です．外部導体を先にはんだ付けしてから組み付けるアダプタ付きタイプもあります(**写真6-A**)．アダプタ付きタイプについての工程は写真を見ればわかりますが，ストレートに同軸ケーブルをはんだ付けするタイプよりも，一工程多いのです(**写真6-B**)．

② 同軸ケーブルの被覆(ビニル)を26mm分，外部導体(網組銅線)を傷つけないように気をつけながらカッター・ナイフなどを使って剥きます(**写真6-C**)．剥く寸法は，3D-2Vも5D-2Vも同じです．

③ 外部導体を5mm残して，カッター・ナイフで不要部分を切り落とします．小形ニッパも便利です．細い銅線がヒゲ状に残らないに全周をチェックします．細い銅線が残っていると，中心導体とショートすることが

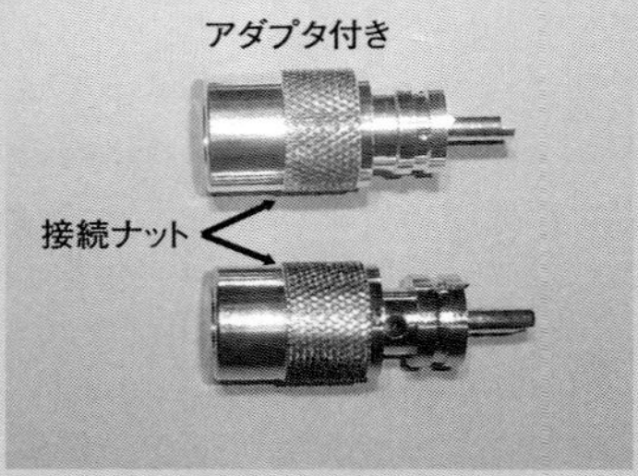

写真6-A　接続ナットをはずす

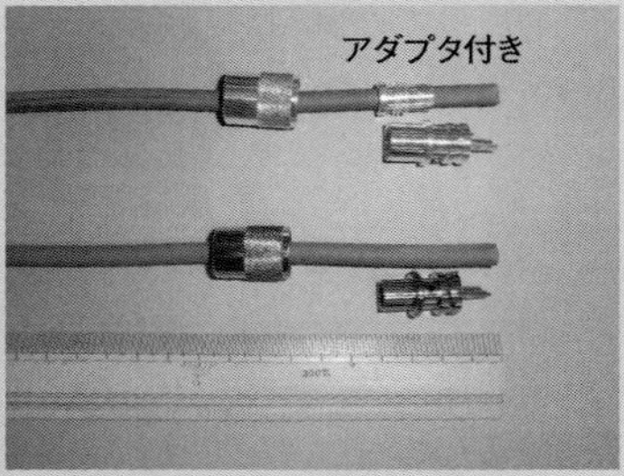

写真6-B　準備

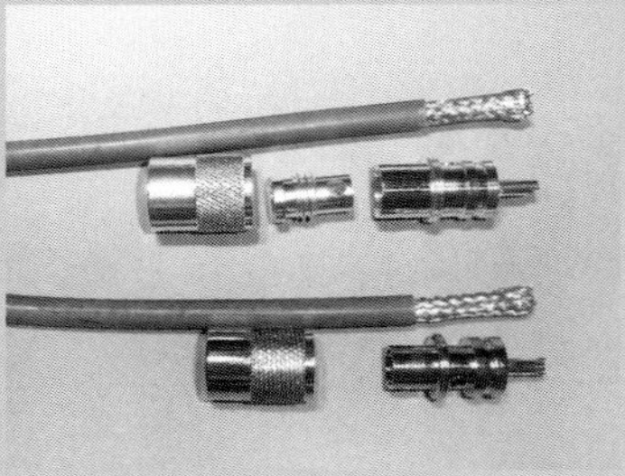

写真6-C　ビニル被覆を剥ぐ

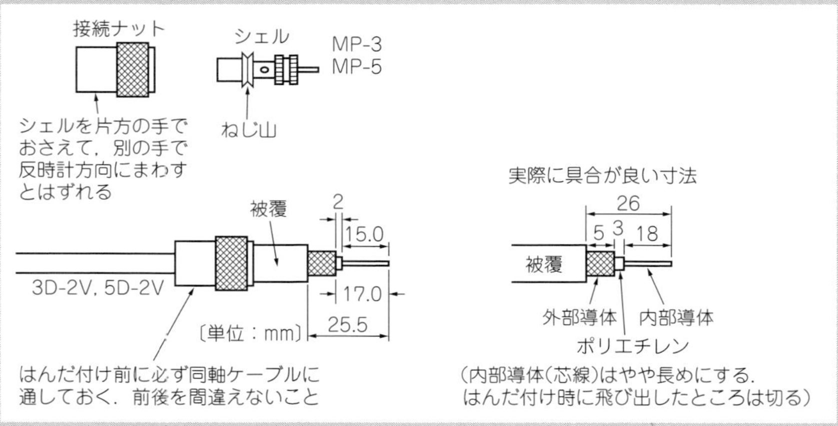

図6-A　ツエップ・アンテナの作り方(抜粋)

(10) アンテナ・チューナ

空中線と送信部を整合させる回路が「アンテナ・チューナ」です．昔は，アンテナ・カプラと言われていました．しかも，手動式で，周波数帯を変えるたびにコイルのタップを切り替えたり，バリコンを回転させて同調させました．50年くらい前は自作が当たり前でしたが，その後，既製品も登場しました(一例：**写真6-11**)．

現在では，多くのトランシーバ自体にオート・アンテナ・チューナが内蔵されています．オートチューンの操作をすると，電子回路が働いて自動

あります．

④ 中心導体(芯線)が18mm顔を出すように，周りの絶縁体(ポリエチレン)を切り取ります(**写真6-D**)．芯線を傷つけないように，カッター・ナイフをぐるりと一周させて切れ目を入れます．これで不要部がスポッと抜ければ良いのですが，なかなかそうは行きません．ニッパで不要部分をつまむように切るか，カッター・ナイフを芯線に平行に動かしてカマボコ状に切り取ると作業が楽になります．いずれにしても中心導体を傷つけないように注意します．後でトラブルの元になりますので．

⑤ 同軸ケーブルの先端部が**図6-A**の右側の寸法になったら，同軸コネクタに差し込んでみてぴったり合うかどうかチェックします．

⑥ 寸法がぴったり合ったら，いったん同軸ケーブルをシェルから抜きます．同軸ケーブルに接続ナットを通してから，再度M型に同軸ケーブル先端部を差し込みます．接続ナットを通すのを忘れると，せっかくきれいにはんだ付けできてもやり直しになります．そして，はんだ付けします．はんだゴテはコテ先が先細で，80W程度のものを使います．パワーがあるはんだゴテで手早く作業するのがコツです．また，接続ナットがかみ合うネジ部には，絶対にはんだが流れないようにします．銀メッキ・タイプのコネクタは，はんだののりが大変良いですから要注意です(**写真6-E**)．

コネクタの中心導体をはんだ付けするところは，最初は横にしてはんだ付けしますが，最後にコネクタのピン(中心導体部)を下に向けてはんだゴテを当てると，ピンの先端がきれいな形になります．

⑦ 接続ナットを時計方向に回して，シェルに取りつけます．

⑧ 最後は念をいれてテスターを［抵抗計］にして仕上がりをチェックします．

● コネクタ部の中心導体と外部導体

ショートしていないか？ もしショートしていたら，コネクタ部のはんだをはんだ吸い取り線などで吸い取って同軸ケーブルを引き出してやり直さねばなりません．

● コネクタ部の中心導体と，同軸ケーブルの他端の中心導体の間に導通があるか？

導通があれば合格．外部導体についても同じチェックをします．

この二つのチェックを怠ると，後が大変です．中心導体と外部導体がショートしていたため，受信感度がすごく悪いとか，アンテナの*SWR*が下がらないとかのトラブルに見舞われることが実際にあります．

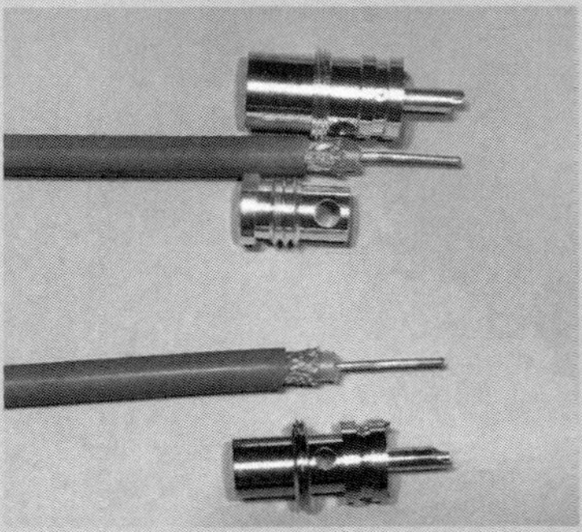

写真6-D　編組とポリエチレンを所定の長さにする

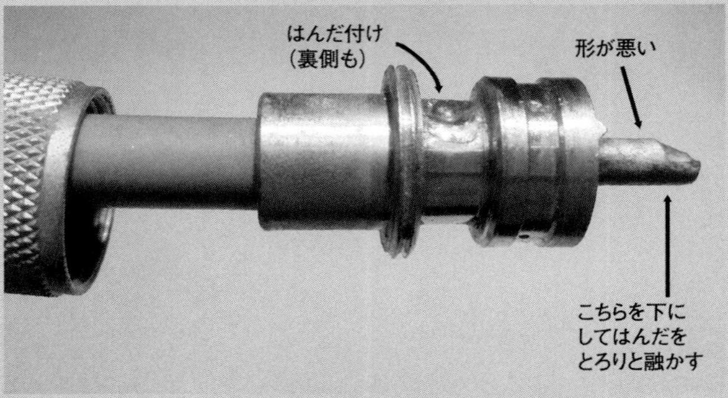

写真6-E　芯線の先端の形が悪い

写真6-11　YAESU, FC-901(手動型)

写真6-12　東京ハイパワー HC-100AT

的に整合を取ってくれます．オート・アンテナ・チューナが内蔵されている理由は，スプリアス対策と短時間に整合を取って送信部終段を安定に動作させるためです．オート・アンテナ・チューナがない機種には外付けのオート・アンテナ・チューナがメーカーから用意されていますが，「オート」が多いのは同じ理由です．

手動のアンテナ・チューナを使う場合は，(8)の節の最後の枠内の注意書きをもう一度お読みください．

サード・パーティのオート・アンテナ・チューナを1種ご紹介しておきます．

●東京ハイパワー　HC-100AT(写真6-12)

ICOMのトランシーバにはATケーブル(長さにより2種類あり)をつなげば使える．10Wの電力(CW，RTTYもしくはFM)を送ればチューニングできる．ICOM以外のトランシーバについては，DC12Vを外部からHC-100ATに供給すれば，チューニングはとれるそうです(トランシーバとつなぐ同軸ケーブルにDC12Vを重畳させる手もあるが，入門者向きではない)．

(11) ロング・ワイヤー対応のチューナの問題点

見かけ上，適当な長さの電線(空中線)とトランシーバを整合させることができます(ただし，使用周波数の$\frac{1}{2}\lambda$あるいはその整数倍の長さにはチューニングは取れないと考えよう)．受信は良いのですが，飛び(送信)がさっぱり駄目なことを，愛車でいろいろな長さの電線を使って，3.5MHzモバイルを半年実験して実感しました．結局は，3.5MHzにぴったり同調させた短縮アンテナ(*SWR*は1.5前後，ローディング・コイル入りホイップ・アンテナ)のほうがはるかに飛びは良かったのです．

そこで，愛車には*SWR*3以下にしか対応しないアンテナ・チューナに積み替えました．もう一つ大事な点は，ロング・ワイヤー・アンテナには良いアースが必要なことです．使用環境が限定されている場合は，ロング・ワイヤー対応アンテナ・チューナも便利ではありますが，このあたりをわきまえておくことが必要です．

第７章

モールス符号を覚えよう
～「通信」といえば無線電信だ！～

この地球上で，最後までモールス符号で通信し続けるのはハムだけになるかもしれません．単位時間あたりの情報量は少ないですが，面白さは抜群です．このシンプルでエレガントな通信の喜びをあなたにも!

7-1　モールスの歴史

一般の人が「通信」と聞けば，トンツーによる無線電信を連想するようです．無線電話ではないのが面白いところです．TBS系列で放送されたドラマ「南極大陸」では，通信士の活躍場面が何度も登場しました．

トンツーは，スピーカから聞こえる音から作られた言葉です．有線通信の時代にはトンツーではなくて，音響機から聞こえるコツ，コツ，……という音で受信していました(**写真7-1**)．有線電信を知る人たちは，トンツーではなくて「テカテッカン」と表現することを近年知りました．

イタリアの無線研究家であるグリエルモ・マルコーニが無線通信の道を切り拓いたのは，火花送信機とコヒーラ検波器による受信だったそうですから，トンツーでもテカテッカンでもなく，ザーザーという電信ではなかったかと推察しています．1912年，豪華客船タイタニック号が氷山にぶつかって沈没しました．この船には無線電信局があり乗客が電報のやりとりができるのが自慢だったそうです．このころの無線電信も，ザーザーではなかったかと思います．

写真7-1　音響器．電通大コミュニケーションミュージアムで撮影

短波では，モールス符号はまだ健在です．アマチュア無線ではごく当たり前に使われています．日本だと，ほかには自衛隊関係，漁業無線の一部で使われています．

ただし，誰でも知っている遭難信号SOSは，歌にもされました．途切れ目なしに ･･･ −−− ･･･ と打ちますが，1999年に廃止されました．と同時に，船舶の通信士が職を失うというショッキングなことが起きました(現在も，遠洋漁業船には通信士が乗っている)．しかし，通信士が活躍できる分野が非常に狭まったのは事実です．

1999年以降は，SOSのかわりにGMDSS (Global Maritime Distress and Safety System：海上における遭難および安全に関する国際的制度)という

写真7-2　大型ヨットに積まれたEPIRBの例

システムが航空機，船舶の遭難通信用に運用されています．遭難信号を発する小形の送信機はEPIRB(イーパブ，イパーブなどと呼ばれる)です(**写真7-2**)．

さて，短波受信に興味を持ったら，モールス符号はどうしても解読したいものです．特に，アマチュア無線の交信を受信するなら必要不可欠です．モールス符号を地球上で最後まで使うのは，アマチュア無線だけになるかもしれません．

モールス符号を用いる通信は，硬い言葉でいえば無線電信ですが，アマチュア無線の世界ではCW(Continuous Wave：連続波)と言われます．無変調の搬送波を符号に従って断続するとCWの電波になります．断続するのに連続波とはまぎらわしい表現ですが，そもそも電波自体が断続しているB電波との比較で言われた言葉だそうです．

CWの復調には，復調用発信器(BFO)が必要です．CW，SSBモードが聞ける受信機には必ずこれが組み込まれていますから，心配は要りません．

CWの特徴は，小電力で遠距離と通信できることにあります．7MHzの10W出力のCWで近隣諸国とか太平洋地域，米国西岸と交信することは難しくありません．本章では，受信と通信，両方を頭に入れて書きます．

モールスは人の名前です．米国のサミュエル・フィンレイ・ブリース・モールスという発明家が考案しました．今の符号とは違うものでしたが，その後いろいろな経緯を経て，現在のモールス符号の原形が1868年に国際規格として制定されました．第5章の**表5-3**をご覧ください(p.31)．最後に制定されたモールス符号は単価記号の@(・ — — ・ — ・)です．インターネット時代ならではの符号ですね．

和文モールスについては符号表を巻末に付けますが，その気になったら習得してください．敷居が高いように感じますが，長音が多いので難しくないと言う方もいます．

7-2　モールス符号の覚え方

単語カードに符号を「・」と「—」で書いて，一つずつ覚えます．

語呂合わせで覚える方法(合調法)もありますが，お勧めできません．語呂合わせで覚えると，符号を耳で聞く→「語呂」を思い出す→符号を書く，という手順になるので，高速受信には不利になるからです．筆者自身は，中学生のときに和文符号を合調法で覚えたのが失敗だったと思っています．それでも，第1級アマチュア無線技士の電気通信術，和文50文字/分はパスできましたが．高速モールス通信を目指すなら音感法をお勧めします．

筆者はアマチュアですから，最初にあげた単語カードで欧文符号を55年くらい前(高校生時代)に覚えて，すぐに第2級アマチュア無線技士の資格を取りました．単語カード法には特に不都合はありません．符号を耳にして単語カードの・と—が頭に浮かぶことはなく，反射的に文字が頭に浮かびます．欧文なら相当な高速まで現在でも受信できます．受信能力が落ちないように適宜，トレーニングはしております．

モールス通信の達人になりたい方は，インターネットで探すと，いくつか参考になるWebサイトがありますので，そちらをご覧になるといいでしょう．

本書では，欧文の符号(アルファベット，数字，いくつかの記号)を覚えれば十分だと考えて，次の話を進めます．欧文なら，万国共通ですし，Q符号や略号，簡単な英単語で世界中と交信できます(第5章の**表5-1**，**表5-2**を参照)．

モールス符号の構成

短点の時間的長さを1とします．符号の間の空白は1，長音は3，文字と文字の間は3，単語と単語の間は7とすることになっています(**図7-1**)．

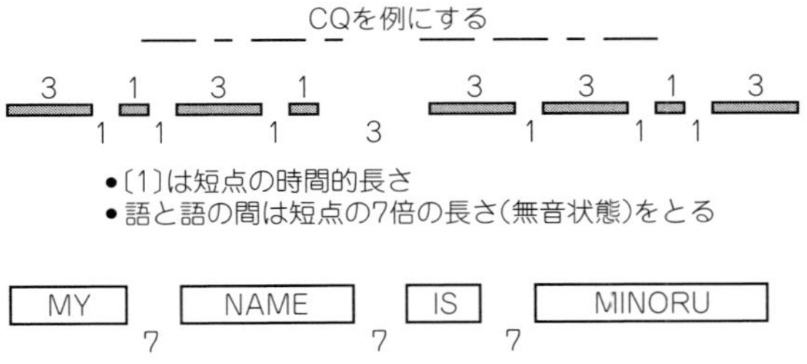

図7-1　モールス符号の構成
短点の時間的長さを1とする．符号の間の空白は1，長音は3，文字と文字の間は3，単語と単語の間は7とすることになっている

受信練習

私がCWの練習をした50数年前は，レコード・プレイヤーもテープ・レコーダも家にありませんでしたから，知人に自宅に来ていただいてモールス符号をたたいてもらって受信したり，短波のアマチュアバンドや業務用バンドなどのCWをワッチして練習しました．今は，便利な機器がたくさんありますから，受信練習に困ることはないでしょう．

送信よりも受信能力の上達は遅いので，まずは受信です．今は，パソコンで好きな速度で符号を自動的に発生させるソフトウェアがあります(*)．手持ちのCDプレイヤーやカセット・テープでもかまいません．あせらずゆっくり長期間受信練習をします．

本書の執筆中にiPhone用アプリを探したところ，練習用アプリがいろいろありましたが，筆者はWi-Fi接続でiPod Touch(第4世代)にMorse Trainer(無料)をインストールしてみました(**図7-2**)．

このアプリは，モールスのトンツーを平文で送信してくれます．そして，その平文全文を見ることもできます．受信練習には大変良いと思いました．イヤホンで聞くなら，通勤や通学の途中でも練習できます．

聞き取った文字，記号，数字は必ず紙に書き取りましょう．アルファベットに関しては小文字で書くほうが早いですから，小文字をお勧めします(実は筆者自身は，実技のある第1級アマチュア無線技士の受信試験でも大文字で書いていた．そのときの反省もある)．

最初は，5文字の暗号(アルファベット5文字がでたらめに並んだもの)を受信して，アルファベット26文字を完全に受信できるようにします．26文字を完璧にマスターしたら，平文を受信してみ

＊　パソコン用モールス練習ソフトウェア(フリーソフト)はVector (http://www.vector.co.jp/)に沢山あり，至れり尽くせり．

図7-2　iPhone用の無料モールス練習アプリ Morse Trainer

ます．最初から平文を受信すると，綴りを予想したりするので練習になりません．

具体的な受信

(1) W1AWのCW Bulletin

CWを受信できる短波受信機が手元にあるのでしたら，米国のW1AWが送信するCW Bulletinを受信してみるのも良い方法です．いろいろな速度で送信しますから，最初はゆっくりした速度の送信を受信します．

- **W1AW Operating Schedule**

  http://www.arrl.org/w1aw-operating-schedule

電波の伝搬状態によって聞こえない日があります．春・秋の21MHzもしくは14MHzが割合よく聞こえます．

(2) アマチュア・バンドを聞く

慣れてきたらアマチュア無線の周波数を聞いてみます．7MHzがお勧めです．

CQ（—·—·　— —·—）が聞こえたらしめたもの．DEの後に続くコールサインを解読します．

中には，—·—·　— —·—　—··　— — —(CQ DO，実はCQホレ)を送信する局もありますが，これは和文モールスで交信相手を求めるCQです．今は，エレキーを使う局が多いですから受信しやすいと思います．

適当な速度の交信を傍受したら，コールサインだけではなくて，通信文も傍受してみます．通常は，挨拶，相手局の信号強度(RST)，自分の住所(QTH)，名前(愛称)などを送信します．中には，JCC番号とかJCG番号を送信する局，グリッドロケータを送信する局(ヨーロッパの局に多い)もあります．

- **JCC/JCG番号(市郡区番号)リスト**

  http://www.jarl.or.jp/Japanese/A_Shiryo/A-2_jcc-jcg/

- **グリッドロケータ(アルファベット2文字＋2桁の数字＋アルファベット2文字)**

  http://www.jarl.or.jp/Japanese/1_Tanoshimo/1-2_Award/gl.htm

週末だと，CQ TESTを送信する局がCWバンドいっぱいに出ていることがあります．TESTはコンテスト(国内，国外とも)の意味で，CW送信は高速ですから，こういう日には受信練習はお休みします．もし解読可能なら，受信に挑戦してみましょう．コンテストのときは，局名とRST，あるいはRST＋「何かの番号」を交換するだけですから，あっという間に1交信は終わります．

また，自局のコールサインの後に，/と数字が入る局は，移動局です．KH2/呼出符号のようなケースもあります(＝日本の局がKH2から運用)．/QRPは小電力で運用していることを意味します．筆者の感覚では出力1W以下ならQRPですが，現在は5Wくらいでも/QRPを付ける局が多いです．

(3) 海岸局をワッチする

ほかには，海岸局の電波を受信してみる方法もあります．CQ CQ CQ　DE［コールサイン］QSX　××MHzと連続送信（空線信号という）している局があります．

コールサインを取ってみましょう．CQが途中で止まったら，おそらく船舶（漁船）との交信が始まったことを意味しますが，船舶側の電波は違う周波数で送信されますから残念ながら聞こえません．2台の受信機を平行して動かせば（1台は海岸局，別の1台は船舶局に合わせる）交信内容をコピーできる可能性があります（窃用しないように注意する）．

QSXの意味は「――を受信します」です．なぜ，これを送信するかと言いますと，海岸局は複数の周波数で同時にCQを送信することが普通ですし，漁船側は海岸局と違う周波数で送信しますから，わざわざ「今は――を聴取しています」という情報を付加します．

アマチュア無線では送受信の周波数は同じですから，こういうCQは出しません．

(4) ロシアのLetter Beacon

26文字全部はないのですが，いくつかのアルファベットを嫌でも覚えられるのが，ロシア海軍が24時間送信しているLetter Beaconの受信です．日本だと，K，M，Fあたりはよく聞こえます．

http://en.wikipedia.org/wiki/Letter_beacon

速度はあまり速くありませんから，初心者でも解読可能です．

7039kHzあたりで24時間，アルファベット一文字が延々と送信されています．あれがLetter Beaconです．ハムからは毛嫌いされていますが，ほかのいくつかの周波数でも同時送信されています．筆者は複数の周波数をワッチして，伝搬状態をチェックしています．

(5) 航空用無線でも耳のトレーニングができる

短波ではなく，長波もしくはVHFになりますが，航空機用のNDB，VOR，ILSはコールサインをモールス符号でゆっくり送信していますから，受信練習に役立つでしょう（航空機のパイロットは，モールス符号を解読できなければならない．以前は訓練で覚えたようだ．現在は受信機がモールス符号のIDを自動的に判別してくれるそうだが）．

(6) IBPビーコンを聞いてみる

IBPビーコンは，14MHz，18MHz，21MHz，24MHz，28MHzにおいて，世界18地点から決まった時間に伝搬状態をハムに知ってもらうために送信されているビーコンです．

送信出力が，

100W→10W→1W→0.1W

と段階的に下がりますから，伝搬状態を知るには大変役立ちます．

- **IBPビーコン局の活用方法**

http://www.jarl.or.jp/Japanese/1_Tanoshimo/1-6_beacon/ibp.htm

CW受信練習に向いているのは，呼出符号をモールス符号で送出するからです．速度は案外速いので，初心者は解読が困難かもしれません．チャレンジしてみてください．

メモリーに，

14.100MHz，18.110MHz，21.150MHz，
24.930MHzおよび28.200MHz（すべてCWモード）

を入れておき，よく聞こえるビーコンがあったら，1送信終わったところで，上のバンドの周波数を聞いてみます．聞こえたらさらに上の周波数を聞く……という方法で，そのビーコン局方面が良くひらけている周波数帯がわかります．

上記の周波数で，今どこのビーコンが送信しているか視覚的に教えてくれるWebサイトがあります．最初に表示されるのは14.100MHzですが，

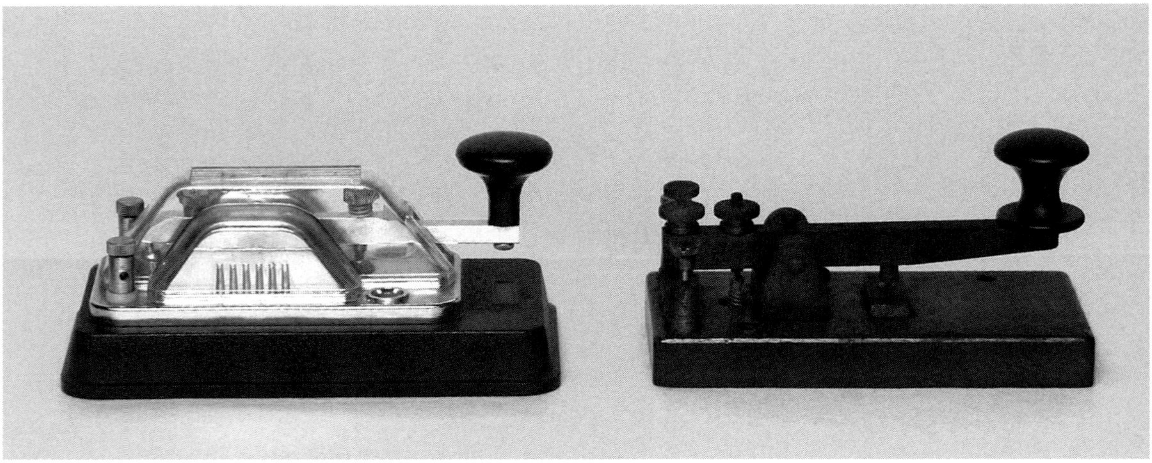

写真7-3　縦振り電鍵2種．右側は約50年前の木製台に組まれた練習用

画面下に周波数選択のボタンがありますから，聞きたい周波数をクリックすると瞬時にその周波数に変わります．

- **IBP Beacon Now**

  http://www3.ymeco.com/r08.html

なお,「アマチュア無線　世界時計とリンク集」(http://www3.ymeco.com/index.html) は情報満載です．ブックマークしていろいろ役立つでしょう．

(7) 漁業用ビーコンをキャッチする

さらに，受信練習に好適な信号があります．夏季, Eスポ(スポラディックE層)が発生する時期, 27.5MHz～28.0MHzを探ってみると，ゆっくりとしたモールス符号が聞こえる周波数があります．これは漁業ビーコンが送信する電波です．一つの周波数で複数聞こえることが多いですから，耳のトレーニングになります．

――こんな風に，実際に短波帯を聞いて受信能力を高める方法がありますので，ぜひ受信にチャレンジしてみてください．受信能力が身につけば怖いことは何もありません．

(8) iPhone・iPod Touch用アプリで受信練習

先述したiPod Touch用アプリ「Morse Trainer」でモールス符号を聞いて紙に書き練習します．

- **Morse Trainer(iPod Touch用)**

  https://itunes.apple.com/jp/app/morse-trainer-app/id427433254?mt=8

「Send Text」でモール符号が聞こえ，終わったら「Reveal text」をポンと叩くと通信文全体が表示されます．

同じものではないようですが，Android用もありました．ただし，無料ではなく234円でした．

- **Morse Trainer(Android用)**

  https://play.google.com/store/apps/details?id=com.wolphi.morsetrainer&hl=ja

電鍵と打ち方

練習中は，ぜひ縦振り電鍵(**写真7-3**)と発信器で行いましょう．頑丈な造りなら高価なものでなくてかまいません．可能なら，電鍵の台を机にネジ止めします．電鍵のツマミには人差し指と中指をのせ，親指はツマミの左側に添えます．

椅子に座って肘から腕を90度曲げてツマミに指をのせたとき，肘から指先までが床と平行になるのが良いとされています. 椅子の高さは重要です．普通は圧下式(押し下げ式)で打ちます．プロの通

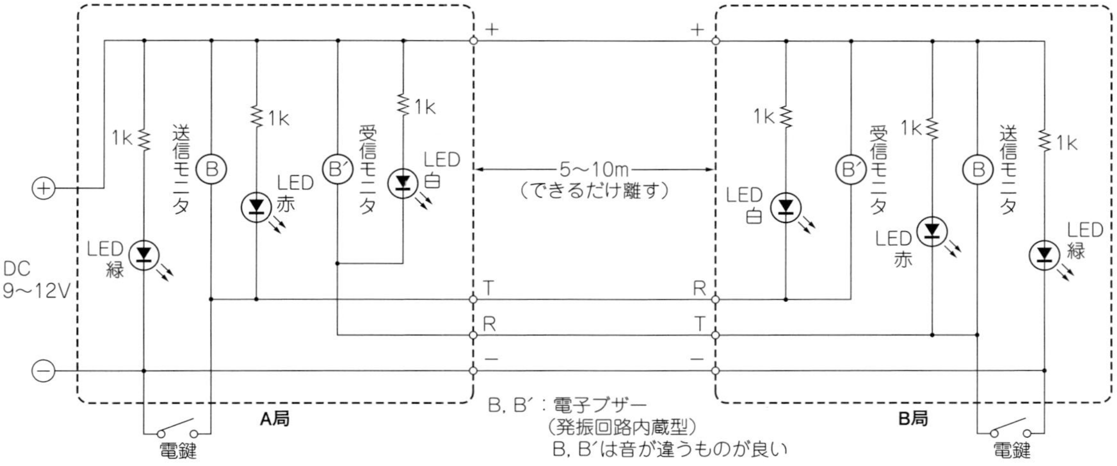

図7-3　モールス通信体験装置の回路図(フル・デュープレックス)

信士になるわけではありませんから，うるさいことは抜きにします．また，実際に運用を始めると，エレキーとメモリを使ったり，パソコンのキーボードをたたいてモールス符号を送信したりするケースが多いようです(筆者自身は，縦振り電鍵もしくはバグキーを未だに愛用している．トランシーバに内蔵されているエレキー機能はまだ使ったことがない)．

参考

- 吉田春雄 著,『モールス通信術独習法』,(財)無線従事者教育協会，初版1983年(改訂7版1993年)
- 『実践ハムのモールス通信―今日から始めるCWオペレーション』，CQ出版社，2008年

電信の交信に踏み切れない方へ

「第3級アマチュア無線技士ですが，電信はやったことがありません」と言われる方がたくさんいます．また，2アマ，1アマも電気通信術の実技試験がなくなりましたから，上級資格を持っていても，電信の交信はちょっと……という方も少なくないようです．やろうという気持ちはあっても，踏み切れないのです．どんなに電信上達法の情報を頭に入れても，自分からやってみようと思わないと駄目なのです．他人の力ではいかんともしがたいのがCWです．

ゆっくりとしたCQをキャッチしたら，清水の舞台から飛び降りる気持ちで，ゆっくり呼んで交信してみることをお勧めします．これを筆者は,「CWのバンジージャンプ」とよくいうのですが，これをやらないと先には進めません．パソコン相手の練習とは違うのが実際の交信です．相手の名前やQTHなどがきちんと解読できますか？ 送信出力やアンテナを紹介する局もあります．ドキドキしながら1局交信できたら後は大丈夫です．

CWの運用に踏み切れない人の多くは,「受信できないと恥ずかしい」という気持ちがブレーキになっているのだと思います．これを打破する方法がないわけではありません．無線ではなくて有線で誰かほかの人とモールス通信をやってみるのです．

図7-3のような回路でCW交信を有線でトレーニングすると，絶対に大丈夫です．もちろん無線でもいいのです．50MHzや144MHz，あるいは430MHzで近所の局とローパワーで交信して訓練する方が実際におられます．

表7-1　和文モールス符号表

文字	符号	文字	符号	記号	符号
イ	・－	ノ	・・－－	ー 長音	・－－・－
ロ	・－・－	オ	・－・・・	、 区切点	・－・－・－
ハ	－・・・	ク	・・・－	」 段落	・－・－・・
ニ	－・－・	ヤ	・－－	（ 括弧	－・－－・－
ホ	－・・	マ	－・・－	） 括弧	・－・・－・
ヘ	・	ケ	－・－－		
ト	・・－・・	フ	－－・・		
チ	・・－・	コ	－－－－		
リ	－－・	エ	－・－－－		
ヌ	・・・・	テ	・－・－－		
ル	－・－－・	ア	－－・－－		
ヲ	・－－－	サ	－・－・－		
ワ	－・－	キ	－・－・・		
カ	・－・・	ユ	－・・－－		
ヨ	－－	メ	－・・・－		
タ	－・	ミ	・・－・－		
レ	－－－	シ	－－・－・		
ソ	－－－・	ヱ	・－－・・		
ツ	・－－・	ヒ	－－・・－		
ネ	－－・－	モ	－・・－・		
ナ	・－・	セ	・－－－・		
ラ	・・・	ス	－－－・－		
ム	－	ン	・－・－・		
ウ	・・－	゛濁点	・・		
ヰ	・－・・－	゜半濁点	・・－－・		

実際の交信では，速くたたかないことです．速くたたけば，相手は速いCWも受信できると判断するからです．途中でQRS(「ゆっくり送信してください」を意味するQ符号)を送るのは格好悪いので，最初からゆっくりゆっくりやりましょう．長期間研鑽すれば，必ず受信能力は高くなります．

和文モールスも覚えたい方は，**表7-1**をご覧ください．**表7-1**にはありませんが，和文の本文始めには，ホレを続けて打ちます(— ··— — —)．また，訂正と終了はラタを続けて打ちます(···— ·)．和文本文を終えて，欧文に戻るときもこの符号は使われます．

モールスコードの受信能力検定

世の中，いろいろな検定がありますが，モールス符号の受信能力をチェックする検定があります．

① ARRLのCode Proficiency Certificate

http://www.arrl.org/code-proficiency-certificate

最初の証明書発行には10ドル，それ以降(40WPMすなわち200字/分まで)はステッカー発行のために，7.5ドルずつかかります．やってみたい方は本文をよく読んでください．英文のみですから，チャレンジしてみてはどうでしょう．

② JARLのモールス電信技能認定

http://www.jarl.or.jp/Japanese/1_Tanoshimo/1-4_Morse/

認定試験もしくは科目免除が免除される種別(段級位)があるのは面白いです．

アマチュア無線技士の資格の場合は，国家試験で電気通信術の実技試験を受けたかどうかで差が付けられています．モールスはとにかく受信能力が大切ですから，自分のモールス電信受信能力を知るには好適と思います．実際の交信に関しては前述したとおりで，別の要素がありますが，受信能力が高ければ戸惑うことはないでしょう．

余　談

第三次世界大戦を描いた映画『渚にて』(1959年)

では，最後のシーンにモールス信号を受信する場面があります．たまたまTVで放映されたのを見て，すごく印象的でした．

筆者の場合，1970年代後半～1980年代前半まで，14MHzのCWをよく運用しておりました．自分にとって忘れがたいのは，秋の朝，14MHzで聞こえる米国東岸の局のCW信号です．かすれた感じで聞こえるのが何ともいえない感じで最高でした．CWは好きで，今でも正月のニューイヤー・パーティではCWとRTTYで交信を楽しんでいます．

付　記

人間の耳と電鍵に頼らない無線電信はないものか？ と考える方がいるかもしれません．30年前には，RTTYのほかにCW（欧文，和文）解読送信できる端末としてθ-7000Eが存在しました．

プロ用にもCW自動解読機およびキーボードの送信端末機がありました．400字/分くらいだとすごく調子がよいと，関係者に伺ったことがあります．

パソコンが普及した今，パソコンで解読，送信できるソフトはないものかと思われるでしょう．欧文，和文に対応する解読，送信ソフトウェアはあります．筆者は実際の運用には使いませんが，解読力がどの程度か興味を持ち，受信だけはテストしたことがあります．

和文が苦手でも，パソコンの手助けで国内の和文電信の交信を解読するのは面白いものです．

今は，簡単なインターフェースとパソコンおよびソフトウェアでそれが実現できるわけですから，時代は随分変わったものです．

しかし，アマチュア無線技士たるもの，最初は手動（エレキーを含む）で送信，オペレータの耳と頭で受信でといきたいものです．慣れたら機械任せでもいいでしょう．

CWは，小電力でも飛びますから，非常時に役立ちます．万が一のときに，パソコンとソフトウェアなどがなくても運用できるのは耳と手をトレーニングしたオペレータです．機械頼みは邪道だと思っています．「パソコンがないからCWできません」では，3アマもしくは上級の無線従事者免許証が泣きます．

もう一つ．HST（High Speed Telegraphy：高速電信）なる競技がヨーロッパで盛んなようです．1分間に数百字の速度のモールス符号を受信，送信する競技で，トンツーがメチャクチャ速いので音楽みたいに聞こえるそうです．モールス通信が大好きになってしまって，興味を抱いた方はこちらを閲覧してください．

http://www.iaru-r1.org/index.php?option=com_content&view=category&layout=blog&id=46&Itemid=98

動画サイトのYouTubeにも映像がありますから，High Speed Telegraphy youtubeの4語で検索してみてください．縦振り電鍵でも信じられない速度で送信する映像を見られるでしょう．

第8章

運用の実際
～交信にはルールとマナーがある～

電話，電信，そしてデジタル系の通信について，交信の方法をやさしく解説しました．用語と基本を正しくマスターしたら，少しずつ自分のカラーも出していきたいものです．特に最初は，変なくせをつけないように．

不特定呼出，呼出を受けたときの応答の仕方などは，無線従事者免許取得時に勉強します．

本書のモットーは「まず受信してみること」ですから，いろいろなバンドで交信を傍受して覚えるのが早道です．国内だったら7MHzがお勧めです．

また，インターネット上にも運用方法についての情報がありますが，間違いがないとは限らないので，100%は信じ込まないでください．

実際の交信を傍受していても，中には妙な言い回しを使う局もいますから，やはり注意が必要です．

8-1　通常の交信

(1) 無線電話

ここでは，まずSSB(AM，28MHz帯FMも同様)の交信を聞いていると出てくる，わかりにくそうな言葉を解説しておきます．要は普通の会話をすればいいのですが，初心者にはわからない言葉があるかもしれません．

Q符号は，本来は無線電信の効率を上げるために定型文を符号にしたものですから，無線電話で使う必要はないのです．それでも使う人が多いので，Q符号についても解説します．

① シーキュー(CQ)

Come Quickを短縮したものといわれています．アマチュア無線の世界では一括呼出といって，

「どなたでもいいですから，私を呼んでください」

の意味です．

漁業無線では，海岸局から所属船に対してはCQを使いません．しかし，無線電信ではプロの世界でもCQを使います．

国内，国外を問わず，CQの後に数字(波長を示す，英語で発音)を入れることがあります．CQフォーティ(40)は，「CQ 40メーターバンド」の意味です．「CQ 7MHz」とは言いません．

このメーターとは，次の計算されるm(メートル，ただし概数)です．つまり，

1波長(1λ)＝300/f(fはMHz)

1.8 /1.9MHz帯……160m
3.5MHz帯……80m
3.8MHz帯……75m
7MHz帯……40m
10MHz帯……30m
14MHz帯……20m
18MHz帯……17m
21MHz帯……15m

24MHz帯……………………………………………12m
28MHz帯……………………………………………10m

という具合です．計算した1波長に短縮率0.96をかけると，だいたいこの値になります．

現代では，このCQの後の数字は不要とも思われるのですが，まだ使う人がいます．

「CQ○○メータ」が使われた理由は，昔の送信機の構成にあったのではと推察しています．

それは，普通は3.5MHz帯のVFOを使い，7MHzは2逓倍，14MHzは4逓倍，21MHzは6逓倍，28MHzは8逓倍のように，整数倍して送信しました(1.9MHz，10MHz，18MHz，24MHzは，まだ免許されない時代だった)．途中の逓倍増幅器，あるいは終段の同調回路を全然違うバンドに合わせてCQを発するということが実際にありました．

例えば，7MHzで送信しているはずが，送信機終段の同調回路が14MHzに合っていると，14MHzでCQが送信されてしまうわけです．当然，7MHzでは応答がありません．14MHzでCQ 40と言うのが聞こえたら，ちょうど半分の周波数にいって，「貴局の電波は，14MHzで発射されていますよ」と注意せねばなりません．

こういうトラブルを防止するための「CQ○○メータ」だったのではないかと思うのです．

現代のトランシーバでは，回路構成が全然違いますから，こういう現象は起きません．慣習で言い方だけが残っています．

② キューエスオー

Q符号のQSOです．本来の意味とちょっと違いますが，「交信する」ことを意味します．

③ キューエスビーがあります

QSBです．短波にはつきもののフェージングがあることを意味します．声が大きくなったり小さくなったり，また歪んだりする現象で，短波通信にはつきものです．

④ キューエスエル・カード

交信証のことです．QSLの本来の意味は，疑問文「そちらは，受信証を送ることができますか」の意味ですし，肯定文なら「こちらは，受信証を送ります」です．したがって，本来の意味からはずれますが，交信証の意味で使われ，万国共通です．

なお，コンテストなどで，「確認しました」(confirm)の意味で使われることがありますから，TPO(そのときの状況)で判断します．

「ノー　キューエスエル(NO QSL)でお願いします」と言われたら，お互いにQSLカードは交換しません．

⑤ ビューロー経由

交信証をQSL Bureauで送るという意味です．我が国では日本アマチュア無線連盟(JARL)が会員と准員にこのサービスをしています．

⑥ ダイレクト(direct)

交信証を，QSL bureau経由ではなくて，郵便で交換することです．JARL会員ではない場合は，この方法を取ります．

⑦「サセ」で発行します

アルファベットで書くと，SASEです．self-addressed stamped envelopeの略です．アマチュア無線以外でも使われる言葉です．

「あて名を書いた切手付き返信用封筒を送ってくれたら，交信証を送ります」という意味です．おおむね，珍局側がこれをアナウンスします．国内でも珍しい市町村の局では使うことがあります．海外局では，普段は無人の島から電波を発射する局，そのエンティティー(コールエリア)にアマチュア無線局が非常に少ない場合，こう言われることがあります．

エンティティーについては後述しますが，日本には，本土(JA)のほか，南鳥島(JD1/M)と小笠原(JD1/O)の3エンティティーがあります．海外局からは，JD1/OとJD1/Mは珍局扱いです．一時期「沖ノ鳥島」が7J1でエンティティー扱いされました(当時はカントリーといった)が，現在は消滅しています．

⑧ ラグ・チュー

rag chewです．アマチュア無線界で使われます．もともとは，chew the ragという言葉からきています．chew the ragにはいろいろな意味がありますが，その中で「リラックスしたり，目的のない方法で会話する」という意味があります．それが転じて「とりとめもない長話，おしゃべりをする」という意味で使われます．

⑨ ラウンドQSO

車座になって交信すること，すなわち3局以上で交信することを言います．

⑩ ブレイク

2局が交信しているとき，割り込みたいときに「ブレイク，ブレイク」と送信します．英語のbreakです．

通常は，2局の両方もしくは一方の局と面識があり，よく知っている場合にのみ使います．知らない局同士の交信にブレイク，ブレイクと割り込むのは礼を失する行為で，2局に不快感を与えます．このマナーを知らない人が多いのは困ったことです．

筆者自身も，無遠慮なブレイクを受けて嫌な思いをしたことがあります．興味ある話題を喋っている局と交信したければ，その局と他局の交信が終わるのを待って呼ぶことです．

ただし，災害発生時などで「非常通信」運用局からのブレイクはその限りではありません．当然のことながら，こういうブレイクには最優先で対応すべきでしょう．

⑪ ペディション

peditionという英語はありません．もともとは，expedition（遠征，旅行）で，exを省略してペディションと言われます(欧米人に通用するかどうか怪しい)．正しくはDX pedtionが元の言葉で，世界的に通じるアマチュ無線用語です．D-Expedtionは英語の巧妙な語呂合わせです．DXはlong distanceの意味で，遠距離通信を意味します．DX peditionは，前人未踏の地とか，ハムがいない島などに篤志家のハムが資材など自弁で移動して運用することです．国内では，運用局がいない，または少ない市町村とか，「道の駅」に移動して運用し，QSLカードをサービスする方が結構います．

⑫ アールエス

RS．Rはreadability（了解度：1～5)で，SはSignal Strength（信号強度：1～9)です．

59が1番良い数字になります．エス・ナインオーバー・30デシベル〔S9 over 30dB(Sメータの読みを相手に伝える)〕といういようなレポートも聞かれます．

国内交信だと，59は「ゴーキュー」もしくは「ファイブナイン」と言います．英語ではfive-nineもfifty-nineも使われます．

⑬ セブンティ・スリー　エイティ・エイト

73はハムの世界で使われる「さようなら，Good bye」です．女性には88を送ります．

88は，love and kissesの意味と言われています．73，88はCW，RTTYでも使われます．

⑭ リグ

RIG．使用している無線機のこと．型番を言えば大体通じます．自作機だったら大体の構成とか出力を紹介します．

⑮ ラバースタンプQSO

ラバースタンプはゴム印のこと．ゴム印みたいな，すなわち「判を押したような」決まり切ったことしか喋らない交信を指します．

例文（コールサインのやり取りが頭と最後に入るが，省略する）

A局：「こんにちは．貴方のRSは59(ゴーキュー)です．私の名前は▽□です．QTH(本当は緯度経度を指すが，運用地の意味)は，△○です．QSLカードはビューロー経由でお送りします．では，マイクをお返しします」

B局：ほぼ同じようなことをしゃべります．

A局：「○×さん，FBなレポートをありがとうございました．ではまたお会いしましょう．さようなら．

B局：「さようなら」

こんな感じがラバースタンプQSOです．はっきり言って面白くありません．

とはいえ，expedition局の場合は，限られた時間でたくさんの局と交信したいと思っていますから，やむを得ません．CWやRTTYもメモリで必要な情報を送って「ハイさようなら」というスタイルを，ラバースタンプQSOと言います．

50数年前，筆者が7MHzのAM(DSB)の交信を聞いていて楽しかったのは，土地の説明とか風習，お天気のことなどを各地のハムが喋っていたことです．それから，自作受信機，送信機の紹介が必ずありました．アマチュア無線局が少なかったせいもありますが，ラバースタンプQSOは少なかったと記憶しています．

アマチュア無線の交信は，必ず誰かに傍受されていると思ってください．年がら年中，このスタイルで交信していると，呼んでくれる局がいずれいなくなる可能性すらあります．

⑯ キューティエイチ

QTH．これもQ符号の一つです．ハムの世界では，「運用地」(大体住所になる)の意味です．

本来の意味は，「こちらの位置は，緯度……，経度……(またはほかの表示による)」です．疑問文なら「緯度および経度で示す(またはほかの表示による)そちらの位置は，何ですか」です．海外局にも通じますから，許容範囲内でしょう．

⑰ オーエム

OM．old manの意味です．直訳すると「古老，爺さん」ですが，ハムの世界では相手を敬う意味で使います．日本語の交信で，「相手の姓＋OM」と言うことがありますが，OMのかわりに「さん」では駄目でしょうか？ OMと他人から言われると妙に偉ぶってしまう人もいます．英語圏では，親しみをこめた「なぁ，おい，ねぇ君」という呼びかけのようです．ときどき女性ハムが，自分の旦那のことをOMということもあります．

⑱ エフビー

FB．fine businessの略で大変素晴らしいの意味です．もともとは，ハムのモールス通信で使われた略号のようです．日本では，逆にしてBF(駄目)の意味で使う人がいますが，外国人にはまったく通じません．正しくはNG，no goodです．

⑲ ワイエル

YL．young ladyのことです．自分の奥さんはXYL(EX-YL，元YL)と言います．知り合いのハムに「XYLさんはお元気ですか？」というような言い方はありますが，一般的には女性がオペレータの局はすべてYL局といいます．初対面(初交信)の女性オペレータに対して「XYLさんですか？」というような問いはありえません．

⑳ キューアールピー

Q符号のQRPです．ハムの世界では小電力を意味します．海外でも同じ意味で使われています．現在は，出力5W程度だとQRPという人が多いですが，これがほぼ定着しています．JARL主催コンテストの規約が広まったためでしょう．もともとは1W程度を指していたはずです．

QRPで運用した局は交信証に[自分のコールサイン]に/QRPを付け加えて発行することがあります．本来のQRPの意味とは違っています．QRPについては後述します．

㉑「ファイナル」を送ります(あるいは「ファイナル」を送ってください)

筆者が中学生時代にアマチュア無線を聞き始めたころ，よくわからなかったのがファイナルです．

送信機の「ファイナル」はFinal Stage「終段部」．すなわち，終段の送信管のことでした．「送信機のファイナルは……」は真空管時代の愛機紹介では必ず聞かれた言葉でした．

アマチュア無線の会話では，最後の通報，すなわち「さようなら」をも意味し，交信終了直前に使う言葉です．

㉒ サイレント・キー

silent key．すなわち，当該局のオペレータが亡くなったことを意味します．電信をやらない・やらなかったハムに対しても使われる言葉です．

真空管時代の先輩諸氏の多くがサイレント・キーになりました．家族はどうするか？ 日本だったら，無線従事者免許証を返納し，無線局廃局の手続きを行い，免許状を返納します．

空中線は家族にアマチュア無線する人がいれば別ですが，電波法に従い撤去しなければなりません．自分が高齢になったら，この手続きを家族に書き残しておくことが必要です．

㉓ キューアールエー

通じるのは日本だけと思われますので，最後に挙げることにしました．

Q符号のQRA．日本のハムの電話交信では名前（姓）の意味で使っています．

もともとの意味は，肯定文なら「当局名は――です」になり，疑問文なら「貴局名は何ですか？」ですから，ちょっと違います．「私の名前は○×（姓）です」が無難です．英語QSOではMy name is Minoruのように言います．My QRA isは外国に通じません．Nameは愛称（nick，handle）を使います．

以前，プロのRTTYを印字して楽しんでいたころ，

QRA　QRA　QRA　DE ［コールサイン3回］　AR

と何度も送信している局がありましたが，これが本来のQRAの使い方です．

QRAは，

「当局名は――です」の意味ですから，意味は，

「当局名は［コールサイン］です」になります．

QRAが，

「当局名は――です」の意味があり，DEにはThis isの意味がありますから，重複している感じはあります．

アマチュア無線の世界では，法令どおりの肯定文も疑問文（「貴局名は何ですか？」）も使われません．アマチュアが慣例的にQRAで名前を指すのは，適切とは言えません．

● おかしい言葉

日常会話で使わないような言葉は，人格を疑われますから使用を慎むべきです．

①「私のコマーシャルは……」

何十年も前に他県を移動中，144MHz FMで交信した局が「私のコマーシャルは……」と言ったので，面食らいました．そのときは意味が不明でした．

その後，だいぶ経ってからどうも「仕事」とか「仕事場，会社」の意味で使っているらしいとわかりました．commercialにはそういう意味はありません．テレビ界でよく使われるCMはcommercial Messageの略で，スポンサー企業からの伝言，すなわち広告です．

②「落っこちます」

昔のパーソナル無線あたりの会話に由来するように思います．ラウンドQSOから「抜ける，さようならする」意味ですが，50数年ハムやってきた筆者には奇異に感じられます．普通に「（用事があるので）これで失礼します．次回は私にマイクを回さなくてけっこうです．さようなら」と言えばいいと思います．

③「お聞きのアマチュ無線局ありましたらご応答ください」

CQを型どおりしゃべった後に，これを付け加える人がいます．すごくていねいに聞こえますが，滑稽な一言です．アマチュア局のCQ（一括呼出）に，アマチュア局以外の無線局が応答することはありません．

④ 送っておきます．送り込みます．

これも，アマチュア無線では使われなかった言葉で，何か第三者的な言い回しで非常に奇異に聞

こえます．

唯一の例外は，「ファイナルを送ります」だけだと思います．これは「こちらから最後の通報（さようなら）を（あなたに）送ります」の意味ですから，奇異ではありません．

（2）無線電信（CW）

原則的には，無線電話と交信の方法は同じです．CWは単位時間あたりの情報伝送量が少ないので，Q符号や略号を適宜使って，効率的な通信を行います．英単語の羅列でも通じます．巻末資料（p.101）に略号の表を付けましたので，参考にしてください．

自分のCQに対して○×局（コールサイン）が呼んできたとします．

送信文の例（初心者のうちはラバースタンプでかまわない，○×　DE　［自分のコールサイン］は，送信の頭と最後に付けるが，ここでは表記を省略）

GE（挨拶：相手国の自国に合わせる．GEはGood Evening. GA，GMもある）．

TKS（もしくはTNX）FOR NICE CALL.

UR RST IS 599 599 599. IN TOKYO. TOKYO TOKYO.

（MY）NAME（IS）MINORU MINORU MINORU（MYとISは省略可）．

QSL VIA BURO（フルスペルのBUREAUでも良い）．

HOW COPY？　BTU（BACK TO YOUの意味）．

〈相手から返ってきてから2度目の送信〉

OK　（相手のNAME）．

TKS　FOR（もしくはFER）RPT（REPORTの略）．

FROM　（相手のQTH）．

TKS FOR NICE QSO　（相手のNAME）．

C U AGN（SEE YOU AGAINでもよい）．

73 ES GL（相手のNAME）．

［相手の局名］DE［自分の局名］VA（VAは続けて打つ．・・・－・－となる）．

これで，相手からも同じような通信文が戻ってきたら，73　VAを打ってお終いです．

その後に，トントン（・・）と打つことが多いです．これは名残惜しさを表すと言われています．これが無線電話の世界でも使われ，「さようなら　チョンチョン」という人もいます．

いずれにしても，無線電話で英語を喋るのは苦手でも，CWで簡単なQ符号，略号，英単語で，外国の局と意思疎通をはかれるのは，無線電信の醍醐味の一つです．

● 無線電話のところで触れなかったこと

① CQ CQ CQ TEST

無線電話だと，「CQコンテスト」とか「CQ ○×コンテスト」というのが普通ですが，CWではCQ TESTが使われます．これは送信機のテストをしているわけではなくて，コンテスト参加局向けのCQです．

国内・国外のコンテストどちらでも使われます．万国共通に近いです．

② CQ　DO（CQ　ホレ）

受信のところですでに解説済みですが，DOはDとOを連続してたたき，

－・・－－－

と打ちます．DO，実は和文の「ホレ」です．ホレは，和文で本文を送るときに使う符号です．和文交信可能なら応答します．日本以外では通じませんが，まれに外国人で和文ができる人がいたりします．

③ UPとかUP5など

珍局が他局からの呼び出しを，自分の送信する周波数（オンフレ：on freqeuncy）ではなく，上の（高い）周波数で聞くという意味です．

UPだけの場合は，どこで呼んだらいいかわかりませんので，当てずっぽうでコールするしかありません．

UP5は「5kHz上を聴取します」という意味ですが，5kHz上は呼び出す局がワンサカと送信するので，6kHzや7kHz上，さらに10kHz上で呼び出す局もあります．

DOWN(DWN)を指定した珍局を耳にしたことはかつてありません．

UPはSSBでも使われます．とにかく2局の送信周波数をずらした交信は，SPLIT(split operations：スプリット)といいます．これは，珍局の送信周波数をクリアにして全世界の局に聞こえるようにする手段です．うっかり珍局と同じ周波数でコールすると，多数の局から罵声が飛ぶかもしれません．CWだと，数局からUP5などと打たれてしまうことがあります．

④ パイル，パイルアップ

珍局をコールする局が黒山の人だかりになることです．SSBだとウワァーンという感じの唸りに聞こえます．CWの場合は，モールス符号がまったく解読できないほどになります．

エサにたくさんの犬が食らいつくようすをdog pileといいますが，この言葉に由来するそうです．

DXCCとか各種のAWARD(賞状)に熱心になると，このパイルアップは避けて通れません．このパイルアップの中でいかに自分をコールしてもらうか？　そのためには運用テクニック，タイミング，アンテナ，そして送信出力が必要です．違法なオーバーパワーに走る人がいるのは，このせいでしょう．珍局をゲットしたい気持ちはわからないでもありませんが，アマチュア無線はコミュニティーですから，法を侵してしまっては正直に交信しているほかの局のやる気を削いでしまいます．

なお，パイルアップは海外の珍局に対してだけではなくて，国内の珍しい市とか郡から運用している局に対しても起きます．

⑤ 相手から「自分のコールサイン599 K」としか打ってこなかった

相手局(珍局もしくはコンテスト参加中の局)からの自局への応答は，だいたいこのスタイルです．

599は，5NN(9：－－－－・の略体は－・で，Nと同じ)と打たれることがほとんどです．これに対しての応答は，599 TUだけでお終いです．これが一つのマナーです．

1交信が5秒以下です．慣れてくれば自分のコールサインは相当速く打たれても，ちゃんと解読できます．この世界にはまってしまうと，脱出はなかなか困難になります．

SSBでもまったく同じスタイルの短時間の交信は，珍局との交信では日常茶飯事です．

珍局側：JA1DSI　59(珍局側はコールサインをときどきアナウンスするだけ)

自分：59　Thank you（こちらも相手のコールサインを言わない）

これで1交信が終わりました．もし，自分の「59 Thank you」が珍局側に受信できなかった場合は，「JA1DSI Try again！」と再送信を求めてきます．それがない場合は，珍局側のログ・ブック(無線業務日誌;交信記録簿)にきちんと記録されます．

現在ではすべてではありませんが，珍局側のログがインターネットで閲覧できることがあります．ここに自分のコールサインがあれば，交信成功とわかります．

⑥ NAME

国内交信では，苗字だったり，名前だったりします．海外局との交信では愛称(NICKNAMEあるいはHANDLE)を使います．日本人だったら，TARO，KEN，HIROのような感じにします．CWでは文字数が少ないほうがいいでしょう．NICKNAMEは愛称の意味ですが，HANDLEもこの一語で名前の意味があります．HANDLE NAME：ハンドル・ネームは和製英語です．英語では単にHANDLEです．

電話では，「What is your handle？」という具合に使われます．

⑦ RUNNING ○○W(WATTS)

○○W(出力)で運用しているという意味です.

⑧ 3R5MHz　?

Rが［.］の意味で使われることがあります. 3R5MHzは3.5MHzを意味します.

⑨「コールサイン］/QRP

QRP(小電力)で運用していることを表します. アマチュア無線界だけで通用します. ただし, 国によってQRPのとらえ方(出力のW数)に違いがあることもあります.

/の後に「エンティティー」(主権国家およびその海外領土, 独立地域, 帰属国未定地. 1980年代まではカントリーと呼ばれていた)と言われる文字が入ることもあります.

⑩ NIL

「通報はありません」の意味です. 第3級アマチュア無線技士になりたい人は必ず覚えてください.

(3) RTTY(ラジオテレタイプ)

使える文字はアルファベット, 数字, 記号です. 昔のメカニカル・マシンだと, ベル(本当にチンと音が出る)の信号もありました.

交信法はCWに準じますが, 送信分が印字されたり, モニタに表示されたりするので, 無線電話みたいに平文で交信できるのが特徴です.

メモリによく使う定型文を入れておけば, キーボード操作が不得意でも何とかなりますが, どうしてもラバースタンプQSOになってしまいます. メモリ送信はかっこいいのに, 手で打たねばならない場面ではしどろもどろになる人が少なくありません.

筆者自身は, CQくらいはメモリを使いますが, あとはみんなhand-typingです. ROMAJIでラグチューもします. 1980年代, RTTYに夢中でした. オーストラリアの局, マレーシアの局, 香港(当時はVS6)の局, あるいは米国の局と, さんざん平文の交信をし, いろいろな言い回しを勉強できました(筆者が若かったころ, すでにおじいさんが多かったので皆さんサイレント・キーになってしまったが).

そんな中でわかった面白いことは, フランス人とドイツ人の違いです. ドイツ語は大学で少しかじりましたから, ドイツの局との交信でドイツ語を打つと, 相手局はドイツ語でガンガン送信してきます. ところが, フランスの局にフランス語で本文を送っても, フランス語では打ってこないのです. 英語で送信してきます. 国民性の違いかもしれません.

PSK31も同じようなものですが, こちらで使える文字はRTTYと同じです. 日本国内同士の交信ですと, ひらがな・漢字も使えますので, 話がはずむでしょう. ローパワー(低電力)でも意外にDXと交信できることを多くの局が経験しています.

8-2　非常通信

アマチュア局は災害発生時などに「**非常通信**」を行うことができます. 似たような言葉の「**遭難通信**」は, 航空機, 船舶が行う通信であって, アマチュア局(陸上局扱い)が行うことはできません.

「非常通信」は, 第4級アマチュア無線技士の国家試験もしくは養成課程修了試験で, 出題される確率が多い事項でもあります. アマチュア無線局にとって, 非常通信は「目的外通信」になりますから, よく理解しておくことが不可欠です.

なぜ本書でわざわざ取り上げているかというと, 広域な災害発生時は短波が威力を発揮するからです. 小さな携帯型のVHFやUHFのトランシーバは無力と言っていいでしょう.

短波なら国内の「通信できる」局と交信できれば, 後は有線通信で必要な行政機関に連絡を取ってもらえます. 相手局が近いか遠いかは問題ではありません.

総務省のWebサイトに，非常通信について解説がありますから，ぜひお読みください.

http://www.tele.soumu.go.jp/resource/j/hijyo/1-1-1.pdf

通常，アマチュア局はアマチュア業務しか行えません．しかし，次の条件すべてに合致するときだけ非常通信に従事できます.

① 地震，台風，洪水，津波，雪害，火災，暴動その他非常の事態が発生し，または発生するおそれがある場合.

② 有線通信を利用することができないか，またはこれを利用することが著しく困難な場合(携帯電話も有線通信に含まれる．携帯電話が使えるときは非常通信を行えない).

③ 人命の救助，災害の救援，交通通信の確保または秩序の維持のために行う通信であること.

非常通信は，上記の3項にすべてに合致すると免許人が判断すれば行えます(小回りが利くということ)．非常通信の場合に限って，アマチュア業務に許されていない「**第三者の依頼による通信**」を行えます.

よく誤解されるのは，非常通信のときは無免許でもいいとか，免許されていない周波数帯とか出力で運用して良いなどということです．これは全部不可です.

平成23年3月11日の東日本大地震後，アマチュア無線が非常通信に役立つらしいということで第4級アマチュア無線技士を取得する人が漸増したと聞いています．しかし，無線従事者免許証を持っているだけでは非常通信を行えません．きちんと**無線局を開局して呼出符号を付与されている**ことが大前提です.

アマチュア局が目的外通信である非常通信を行う場合は，無線設備の設置場所，移動範囲，呼出符号，電波の型式および周波数，空中線電力について，免許状に記載されたところによらねばなりません．非常通信は「業務内容」としてアマチュア業務以外の業務ができる，というだけのことです.

非常通信は，有線通信が復活したら直ちに取り扱いを停止しなければなりません．また非常通信を行った場合は，電波法第80条第1項の定めにより，総務大臣に報告せねばなりません．あくまでもボランティアで行うわけですから，費用の弁償はありませんし，事故に遭っても(最悪の場合，命を失っても)なんら補償されません．プロの無線局も非常通信を行えますから，アマチュア局だけが行えると誤解をしないでください.

これ以外に，総務大臣が無線局に非常通信を行わせる場合(**非常の場合の無線通信**)がありますが，これはアマチュア局には関係ありませんから省略します.

ハムが，非常通信で役に立ちたいならば，ぜひ短波帯の免許(移動局)をもらい，ワイヤー・アンテナを自作し，実際に運用して，短波通信に習熟していることが望まれます.電源と無線機はある，アンテナがないがACコードがあった……それでアンテナを作れますか？　あり合わせの電線に電波をきちんと乗せるには，それなりの知識と技術が必要です(第10章に，ACコードで作ったアンテナについて書いた).

新聞紙上では大きく取り上げられなかったようですが，東日本大地震の際はプロの無線局(漁業無線の海岸局)も大活躍しました．岩手県釜石漁業無線局，およびほかの漁業用海岸局数局が活躍しました．もちろん短波回線が使われました.

- **東日本大震災におけるJARLの活動**

  http://www.jarl.or.jp/Eastern_Japan_earthquake.htm

アマチュア無線の大先輩の体験談を数年前に伺いました．昭和28年西日本水害のとき，九州県内のアマチュア局相互が電波伝搬の関係で連絡つかず，関東地方在住のその局が九州の局同士の通報の中継を行ったそうです．電離層反射を利用する短波ではこういうこともあります（周波数は7MHzだったと聞いた）．

山岳で遭難したような場合，144MHz帯の小さな無線機で連絡が取れて救助されたという例がときどき報道されますが，これは法令上は「遭難通信ではなく」て「非常通信」に該当します．免許を受けた無線機をその免許人が操作することが条件です．

また，「非常通信」業務を目的としたアマチュア無線局は免許されません．アマチュア局の業務は，あくまでもアマチュア業務ですから．

非常通信設定用周波数　4630kHz　A1A

アマチュア局が動作することを許される周波数帯には記載がありませんが，電信の運用ができる第3級アマチュア無線技士以上の資格があれば，本来のアマチュアバンド以外に4630kHz　A1A（電信）の免許を得られます．市販のHF対応アマチュア無線用トランシーバも4630kHzの送受信可能な機種があります．ただし，4630kHzの送受信は，特殊な操作をしないとできないようになっていますから，取扱説明書をよく読み，擬似空中線をトランシーバにつないでテストしてみることが必要です．

さて，4630kHzは無線電信局ならプロ，アマチュアを問わず免許されますが，欧文通信がやっという程度ではオン・エアしないことです．和文電信が主と思ってください．「クンレン」を前置すれば，訓練のための通信を行えます．実際に和文通信のできるアマチュア局が，レポート交換をしていたりします．

4630kHzにおける運用については，次のWebサイトに書かれています．

- **第2節　非常の場合の無線通信（第129条―第137条）/無線局運用規則**

  http://denkitsuushin.hourei.info/denkitsuushin117-23.html

4630kHzは非常通信設定用であり，通信設定完了後は，アマチュア局だったらアマチュアバンドに移って通信することになります．

8-3　電波障害対策

電波障害とは，送信時に電話やオーディオ機器，あるいはテレビ受像器に何らかの障害を発生させてしまうことです．

ローパワーで良質な電波で，*SWR*が低くても，障害が起きるときは起きます．もし近所から何らかの苦情があったら，誠実に対応することが大切です．場合によっては，自腹を切ってローパス・フィルタなどを取り付けることも必要です．

最悪の対応は，「自分は総務省からちゃんと免許をもらって運用している」と反論してしまうことです．こういう対応をすると，最後は近所から村八分にされてしまうおそれすらあります．

困ったときは，次のURLにアクセスして，問題を解決の参考にしましょう．

- **アマチュア無線の電波が原因となる電波障害の種類とその対策**

  http://www.jarl.or.jp/Japanese/7_Technical/clean-env/shogai-2.htm

大きなアンテナが建っていると，あそこが原因ではないかと苦情を言ってくる人もいるそうですが，頭から否定しないで，状況を聞き，そのお宅にいって実態調査をします．

その結果，アマチュア無線以外の原因で障害が発生していることがわかり，感謝されたというケースも昔から聞いています．

アマチュア無線にはJARLが提唱する「アマチュアコード」がありますので，下記に示します．このアマチュアコードは，「ハムがみんなで守りましょう」ということになっています．それに則って電波障害を解決することが大切です．

アマチュアコード

1967年5月，北九州市での第9回 日本アマチュア無線連盟通常総会にて制定．

- アマチュアは 良き社会人であること
- アマチュアは 健全であること
- アマチュアは 親切であること
- アマチュアは 進歩的であること
- アマチュアは 国際的であること

オリジナルはおそらく米国だと思われます．

- **THE AMATEURS CODE by Paul M. Segal, W9EEA(1928)**

http://xa.yimg.com/kq/groups/21795048/1103512693/name/THE+AMATEURS+CODE.pdf

この中のBALANCEDが大切です．アマチュア無線はあくまでも趣味なので，家族，仕事，学校，地域社会に背を向けるなということです．ほぼ85年前に言われだしたことですが，そのころもアマチュア無線はよほど面白かったのでしょう．現代でもそのまま通用する一文です．

無線局の時計

以前は，アマチュア無線局の備え付けが義務づけられていた時計ですが，現在は省略できることになっています．とはいえ，なくては業務日誌を書くにも不便で仕方ありません．

ラジオルーム・クロック(Radio Room Clock)というものがあります(**写真8-1**)．

2006年の2月，ハム仲間と連れだって，宮城県漁業無線公社(宮城漁業無線局，JFF)を見学に行きました．無線室に招き入れられて，パッと目についたのがこの時計です．

横に赤，縦に緑の扇形の細い帯があります(表紙カバー参照)．50数年前，中学生だった筆者が通信士になろうかなと思って無線従事者の受験用の雑誌を眺めていたら，「沈黙時間」なる文字があったのです．この赤と緑のマークを見て，これのことだったかと50数年前の謎が解けました．

写真8-1　ラジオルーム・クロック

面白いことに，船の通信室やほかの海岸局でも，文字盤に沈黙時間のマークがなくても同じスタイルの時計があり，すごく欲しくなって手に入れました．プロが使っているのは親時計につながる子時計と思われますが，入手したのは電池で動くQUARTZの時計でした．外国には，この沈黙時間のマークが入った時計を通販しているところがありますが，日本製と違って数字が小さいのがちょっと残念です．

さて，JFFは石巻にありました．残念なことに2011年3月11日の大津波で局舎が破壊されてしまいましたが，局員の方々は全員無事だったそうです．

ホームページに，津波が押し寄せるようすをとらえた写真があったのですが，すでにホームページも閉鎖されました．再建も検討されたそうですが，多額の費用がかかるため，宮城県漁業無線公社は2013年の3月に解散してしまったそうです．

ラジオルーム・クロックで50数年前の記憶をよみがえらせてくれた宮城漁業無線局——決して忘れられません．

第９章

パソコンを活用した受信・交信
～PCの導入で見える通信が可能に～

パソコンを活用すると，実際の運用が楽になると共にデジタルモードが追加できて新しい世界に飛び込めます．昔は思いマシンが必要だったテレタイプも，パソコンをつなぐだけで済むのです．受信だけでもパソコン活用は面白い!

9-1　パソコンはハムの強力な助っ人

アマチュア無線にもパソコンを活用して受信や交信を楽しめます．

次に説明する(1)～(3)の節は共通のインターフェースが使えますし，受信だけなら，受信機のスピーカ端子からパソコンのマイク入力もしくはLINE入力につなげば済んでしまいます．

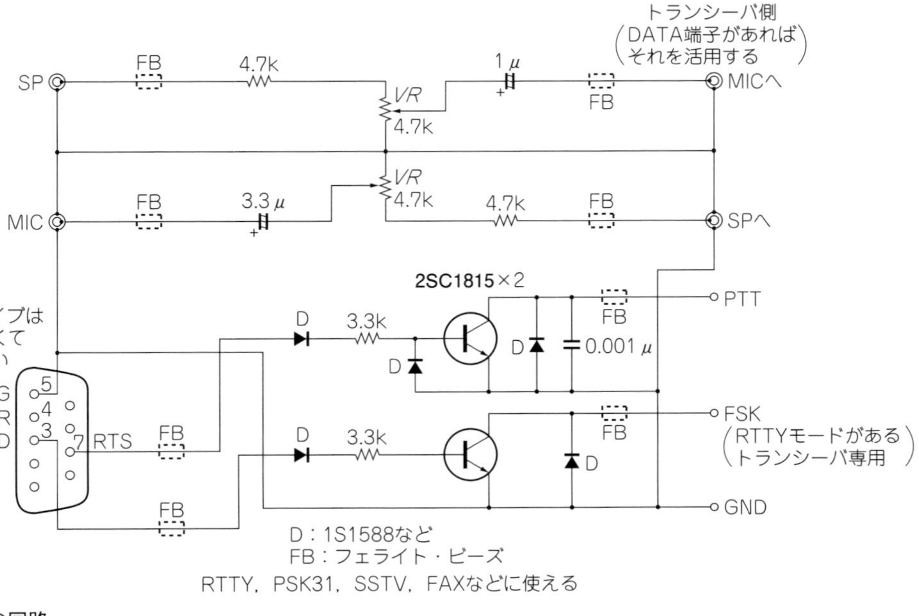

図9-1　送受信するための回路
パソコンのSP出力，もしくはLINE-OUTとトランシーバのマイク端子を接続し，RS-232CでPTTをON/OFFする

ただし，送受信するためにはパソコンのSP出力，もしくはLINE-OUTとトランシーバのマイク端子を接続し，RS-232CでPTTをON/OFFする回路が必要です(**図9-1**)．回路図上にあるFBはフェライト・ビーズのことで，電波の回り込み防止のために入れます．

写真9-1は筆者愛用のインターフェースです．電波の回り込み対策のため，AFの入力・出力回路にはトランスを使用し，PTTとFSKの回路にはフォトカプラーを使用しています．RTTY以外のいろいろなデジタル通信にも使えます．

(1) RTTY

Radio Teletypeの略がRTTYです．アマチュアバンドのCWの上に狭帯域データ通信が出られる周波数があります．ここでリズミカルにピロピロ聞こえるのがアマチュア局のRTTYです．使用するソフトウェアは，JE3HHT 森さんが開発したMMTTYがいいでしょう．昔はオシロスコープで見ていたクロスパターンまでモニタ上に表示され，チューニングが非常に容易です．今では世界中で愛用されている国産のRTTY用フリーソフトです(**写真9-2**)．

- **森さんのHP**

http://www33.ocn.ne.jp/~je3hht/#hist_context

ここからMMTTYをダウンロードしてインストールします．

設定は，アマチュア局のRTTYは2125Hz/2295Hz(170Hzシフト)，45.45Bが標準です．受信機にRTTYモードがあれば，そこに合わせます．なけ

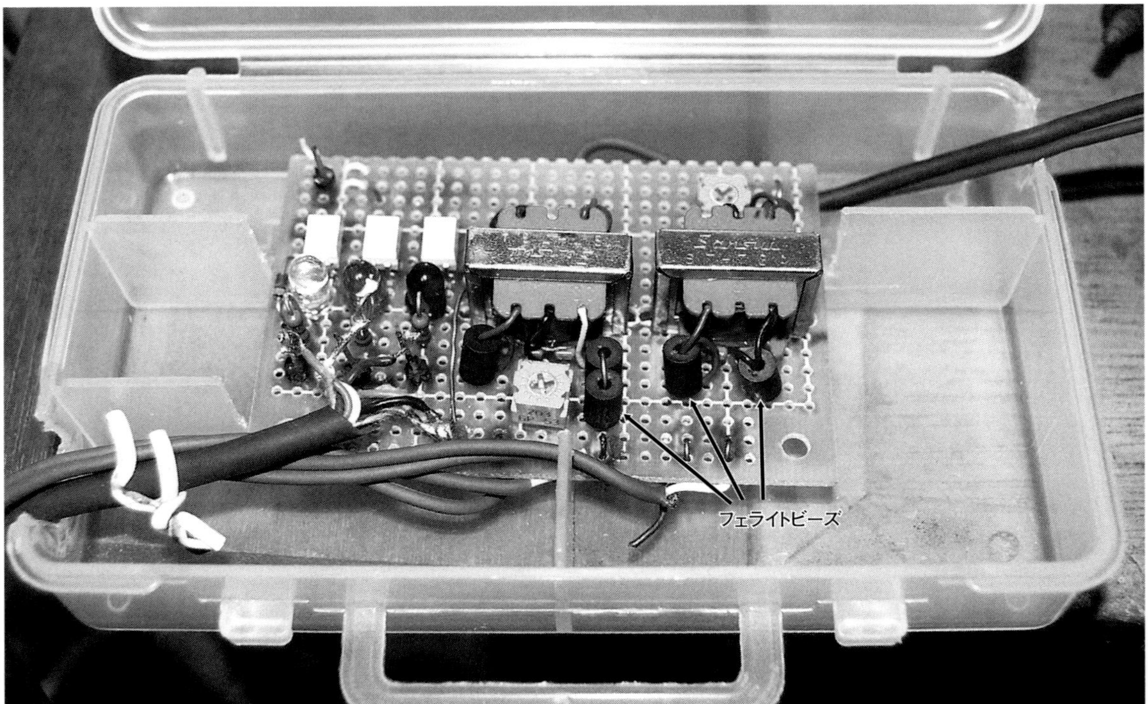

写真9-1　筆者愛用のインターフェース
電波の回り込み対策のため，AFの入力・出力回路にはトランスを使用し，PTTとFSKの回路には，フォトカプラーを使用している．RTTY以外のいろいろなデジタル通信にも使える

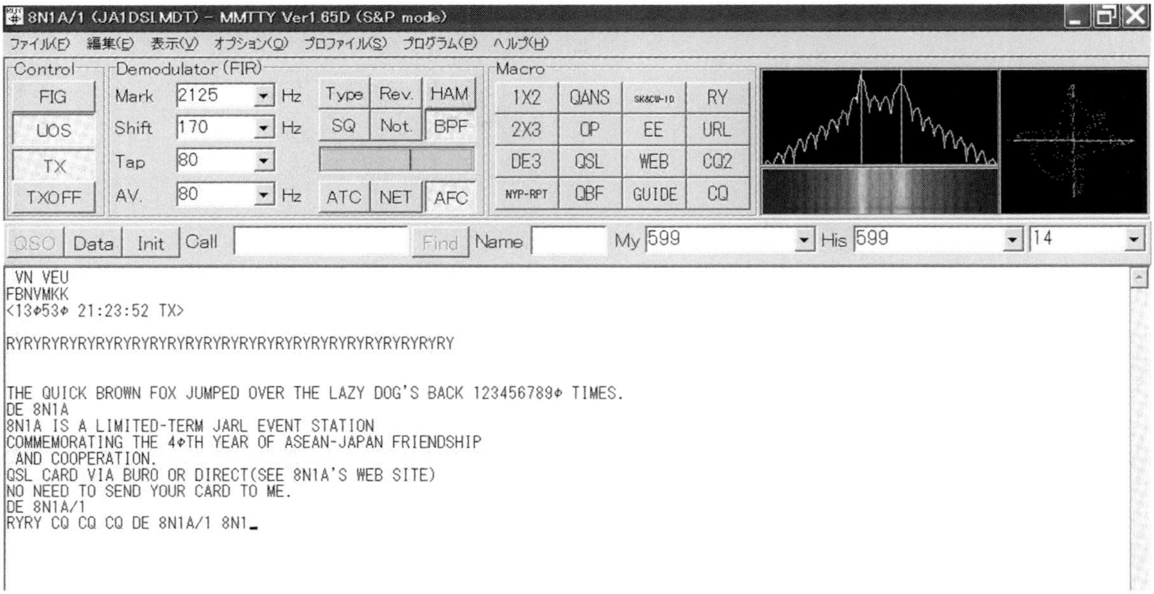

写真9-2　JE3HHT森さんが開発したMMTTYの送信中の画面
昔はオシロスコープで見ていたクロスパターンまでモニター上に表示され，チューニングが非常に容易．いまでは世界中で愛用されている国産のRTTY用ソフト

れば，LSB，USBどちらでもかまいませんが，アマチュア局の受信にはLSBを使います．「極性」があることに注意しましょう(プロの無線局は極性が逆)．

正しい文字がでないときは，受信の極性をREV(逆)にしてみます．LSBモードでAFSKにすればRTTYの送受信はできますが，トランシーバにFSK端子があるならFSKで運用します．こうすると，受信時は適切なフィルタを使えるので受信性能が高まります．

このソフトウェアがRTTY愛好者に素晴らしいと感じさせるのは，画面右上に表示されるクロスパターンです．これはマーク，スペースの信号で描かせる十字マークです．十字に見えるように受信機のダイヤルを合わせれば受信は容易に行えます(**写真9-3**の上はデモジュレータをIIR型共振器にしたとき，下はFIR型BPFにしたときのようす)．以前は，このクロスパターンを見るために，わざわざオシロスコープを使ったものでした．

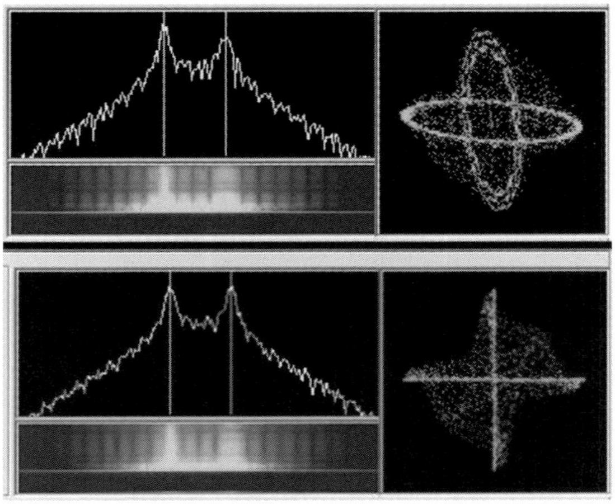

写真9-3　MMTTYで表示されるクロス・パターン

筆者がRTTYの受信を始めた1970年代後半は，いろいろな通信社のRTTY(425Hzシフト，50B)が相当あったのですが，今はありません．

現在でもプロの局で比較的よく受信できるのが，ドイツの気象情報を送信している局です．10MHzのアマチュアバンドの下端で夜～明け方に受信できます．

参考

- JA1DSI 津田稔 著，『RTTY入門』，1986年，電波実験社(絶版，メカニカル・マシン時代のRTTYの記事が主．入手は困難)．

(2) PSK31

これは，上述のJE3HHT 森さんのHPからMMVARIをダウンロードしてインストールします．

耳で聞くとRTTYとは全然違います．7.209MHz付近，14.070MHz付近，10.140MHz付近，21.070MHz付近でピィ～というビート音で，ちょっと音調が変化するのがPSK31の信号です．

参考

- JH1BIH 相原寛 著，『PSK31・RTTY入門』，2001年，CQ出版社(残念ながら絶版のようだが，入手できるかもしれない)．
http://www.cqpub.co.jp/hanbai/books/10/10941.htm

(3) FAX

有名なKG-FAXがお勧めです．気象庁が3波で送信しているJMHは容易に受信できます(時間帯で，よく聞こえる周波数が1日の内にどんどん変わるので注意が必要)．

JMHは気象FAX局の認識信号です．

- **船舶向け・天気図提供スケジュール**
http://www.jma.go.jp/jmh/jmhmenu.html
- **受信ソフト　KG-FAX**
http://www2.plala.or.jp/hikokibiyori/soft/kgfax/

JMHの周波数

3622.5kHz	USBで	3620.6kHz	に合わせる
7795kHz	USBで	7793.1kHz	に合わせる
13988.5kHz	USBで	13986.6kHz	に合わせる

詳しい説明は省きますが，受信に挑戦してください．受信機出力とパソコン・サウンド入力の接続はRTTY，PSK31と同じです．

(4) SSTV

SSTVは，Slow Scan TVの略で，短波帯で静止画像を送受信します．

これも，上記の森さんのHPにMMSSTVがありますから，興味のある人はまず受信に挑戦してみることです．

(1)～(4)の節に関しては，トランシーバの背面にあるデータ端子を活用するとスマートな結線ができます．トランシーバの取扱説明書をよく読んで結線します．

また，一つのソフトウェアで何でも送受信できる，機能てんこ盛りな，MULTIPSK(by F6CTE)というソフトウェアがあります(何でもと言っても例外はある．一つのモードで5分以上使いたい場合は有償ライセンスが必要になる)．

http://f6cte.free.fr/index_anglais.htm

説明は英語とフランス語です．筆者も少し動かしてみましたが，機能が多すぎて使いにくい印象を受けました．そのあたりを克服できる方にはお勧めです．このソフトウェアも，**図9-1**のインターフェースがあれば容易にテストできます．

(5) 受信機もしくはトランシーバをパソコン画面をみながら制御する

ICOM，KENWOOD，YAESU，それぞれの制御用のケーブルを用意し，制御ソフトウェアをインストールすると，パソコンから受信機やトランシーバを制御できます．

いったん，パソコンと受信機，トランシーバの接続が物理的に確立できるとHam Radio Deluxeというソフトウェアでも制御できます．

参考

- 大庭信之 著，『無線機コントロール・ソフト Ham Radio Deluxe』，2008年，CQ出版社．
http://www.cqpub.co.jp/hanbai/books/12/12411.htm

(6) 無線業務日誌(ログブック)を パソコンで入力する

以前は，紙製の業務日誌に交信記録を記入していましたが，現在はパソコンで記録できます．日本ではTurbo-HAMLOGが大変有名です．

- **Turbo-HAMLOG**

http://www.hamlog.com/

(5)節で取り上げた制御ケーブルが使えると，運用周波数，運用モードは，Turbo-HAMLOGに自動的に取り込まれ，至れりつくせりという感じです．なお，パソコンが壊れたときのために，外部メモリとか外付けハードディスクにバックアップをとることを忘れてはいけません．また，心配なら，ときどきログを印刷して保存しておくのがいいでしょう．

(7) SDR

Software Defined Radioの略がSDRです．パソコンにちょっとしたインターフェースを接続し，ソフトウェアをインストールして受信する方法です．本書では，こういう方法もあるという紹介にとどめておきます．パソコンが受信機になってしまうのは面白いと思います．大きなコイルとバリコン(バリアブル・コンデンサ)で育った筆者には，あまり食指が動かないのですが，実験してみる価値はあると考えています．

パソコンのCOM端子について

受信だけなら問題ありませんが，本来の送受信機能(RTTY，PSK31など)にCOMポートが1個必要です．さらに，トランシーバ(もしくは受信機)制御用に，もう一つCOMポートが必要です．すなわちCOMポートは合計2個必要です．

古いパソコンには，COMポートが黙って2個付いていましたが，最近のパソコンにはあっても1個だけというケースが多いです．ただし，自作したパソコンでしたら，マザーボードに使えるCOMポートがさらに1個あったりします．こういう場合は，COMポートブラケット(通販などで容易に入手できる)を取りつけて結線します(**写真9-4**)．COMポートがない場合は，USB-RS232C変換アダプタ(**写真9-5**)を2個使えば解決します．

デジタル通信インターフェースの回路図は**図9-1**に示したとおりですが，面倒なのがパソコンのCOMポートへの接続です．PTTの制御はRTSかDTRを使い，FSK端子のドライブはTXDを使います．パソコン側のCOM端子は［オス］のはずですから，インターフェース側は［メス］にして

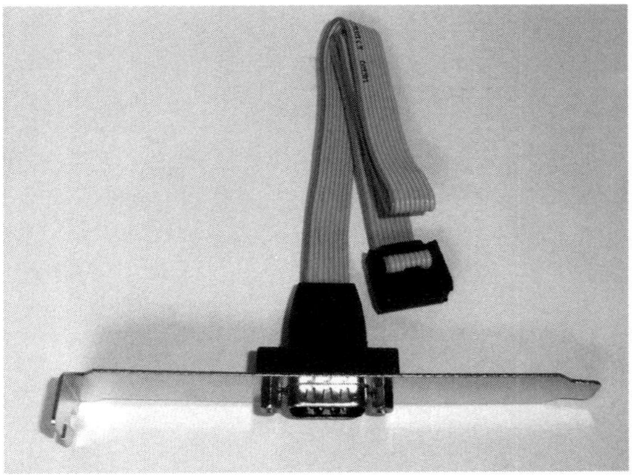

写真9-4　マザーボードにCOMポートが1個しかない場合は，マザーボード上のコネクタにこれをつないで使用する．COMポートがない場合は，USB-RS232C変換アダプタを2個使う

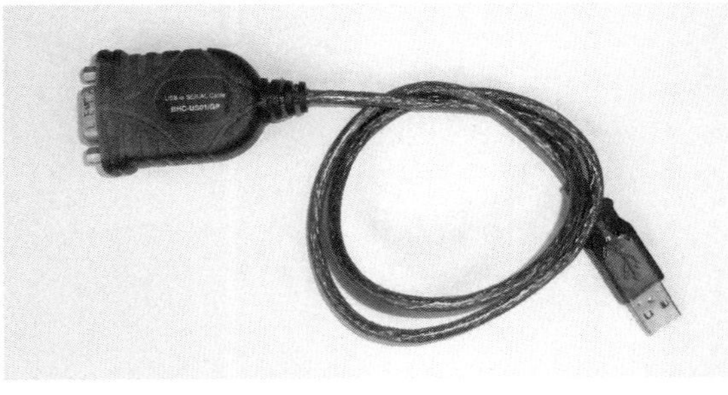

写真9-5　COM端子のコネクタのはんだ付け側(裏)には非常に小さく数字が入れられている

写真9-6　インターフェース側から引いてきた線にオス・コネクタが付いていると接続できないが，gender-changerなるアダプタ（メスーメス）を使えば，オスーオス接続もできる

写真9-7　gender-changerなるアダプタ（メスーメス）を使えば，オスーオスも接続できる

ケーブルを伸ばせばいいことになります．

ここで少々細かい作業をせねばなりません．でも，心配はいりません．COM端子のコネクタのはんだ付け側（裏）には非常に小さく数字が入れられています（**写真9-6**）．**写真9-4**のUSB-RS232Cのコネクタは，パソコン本体と同じオスが付いています．インターフェース側から引いてきた線にオス・コネクタが付いていると接続できませんが，gender-changerなるアダプタ（メス－メス）を使えば，オス－オスも接続できます（**写真9-7**）．

コラム3　簡単に短波帯の伝搬状態を知る方法は?

アマチュア無線をやる時間がある，ハムバンドは静かだが，CQ出して交信できるかな？ と思うときにやってみることを書いてみましょう．

(1) 国内交信用

7MHz帯をワッチしてみる（昼間の3.5MHzは駄目と思ってください）．

- ラジオ日経を聞いてみる（3.9，6，9.5MHzの3波）．
- VOLMET放送を聞いてみる（送信地は鹿児島）．
- 電気通信大学が研究用に発射しているJG2XAの電波を聞いてみる

JG2XAは5006kHzおよび8006kHzで24時間無変調キャリアを送信しています．

http://ssro.ee.uec.ac.jp/lab_tomi/HFD/HFD.html

- JMH（気象FAX）の周波数を聞いてみる（送信地は鹿児島）．

(2) 海外交信用

- IBPビーコンをワッチしてみる．

http://www.ncdxf.org/pages/beacons.html

- 標準時を送出している局を受信する．

米国のWWVH（ハワイ），WWV（米国，コロラド州），中国のBPM，WWVHとBPMは，いずれも，5.000MHz，10.000MHz，15.000MHzでは簡単に受信できますが，時間帯によっては入感しません．

第10章

アンテナの自作と実験
～受信も交信もアンテナ次第～

本書ではシンプルなアンテナの自作例を解説しました．ダイポール・アンテナは誰が作っても，まず失敗はありません．マグネチック・ループ・アンテナは小型で，受信専用としても面白いアンテナです．

10-1　ACコードを流用したダイポール・アンテナ

自作の真空管式受信機や送信機を使っていたころは，同軸ケーブルおよびコネクタが非常に高価でしたし，SWRメータは無縁でした．このころのハムは，アンテナのところで述べた電流給電と電圧給電を理解していましたから，同軸ケーブルなどはなくても，ちゃんとアンテナに電波を乗せることができました．

当時，給電線としては600Ωのハシゴ・フィーダ（平行線フィーダ＝自作可能），TV用の300Ωリボン・フィーダ（軽くて安価だった．すでに生産が中止され入手困難）を使いました．中には，ACコード（平行2線ビニル・コード）の先10mを裂いて横方向に20mを張った7MHz用ダイポール・アンテナとし，給電線もビニル・コードそのものを使ってオン・エアしている局もありました．電波の飛びは，ほかのダイポールと遜色なかったと思います．

それを懐かしく思って，この原稿を執筆中に，昔のハムが使っていたビニル・コード給電の7MHz用ダイポールを実験してみることにしました．その概念を**図10-1**に示します．

この平行二線ビニル・コードのインピーダンスは100Ω～150Ωと言われていました．酸化皮膜抵抗で作った擬似空中線（75Ω，100Ω，150Ω，200Ω）とアンテナ・アナライザでアマチュア的に調べてみたところ，インピーダンスは100Ωくらいとわかりました．

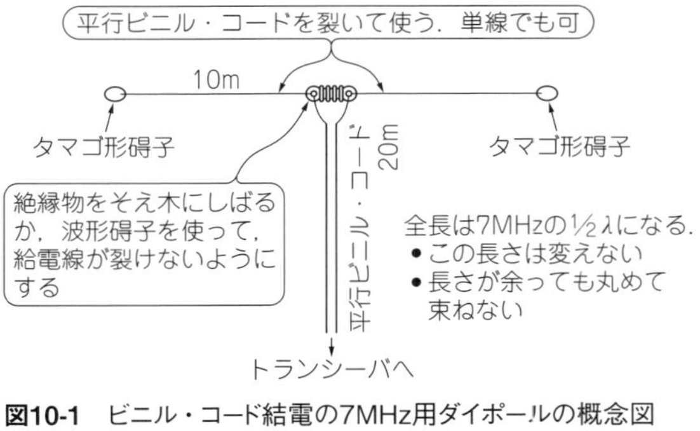

図10-1　ビニル・コード結電の7MHz用ダイポールの概念図

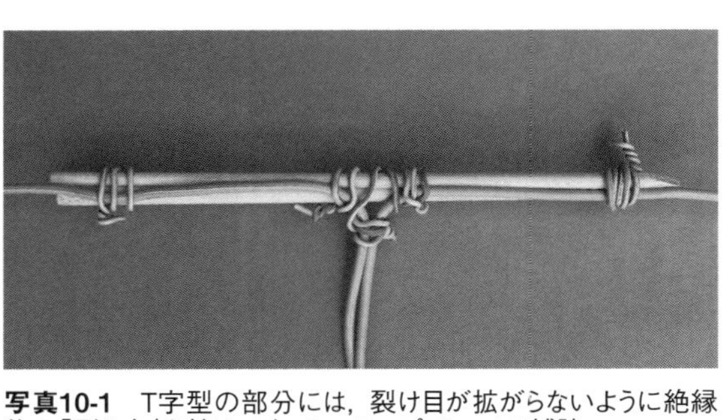

写真10-1　T字型の部分には，裂け目が拡がらないように絶縁物の「副え木」を付け，ビニル・テープでしっかり補強

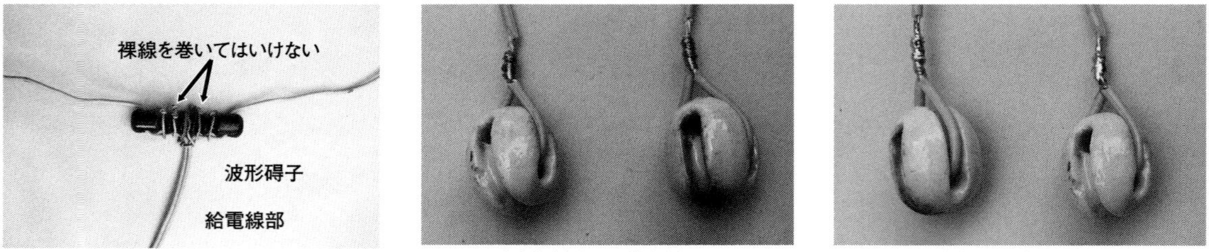

(a)ダイポール結電点(波形碍子使用)　(b)銅線を堅く巻き付ける　(c)はんだ付けする

写真10-2　T字型のところに波形碍子を入れる

電設資材店やホームセンターなどで2sq(スクエア)のACコードを31mちょっと買ってきて，そのうち10.2m分は二つに裂きます．T字型の部分には，裂け目が拡がらないように絶縁物の「副え木」を付け，ビニル・テープでしっかり補強します(**写真10-1**)．

もし，長期にわたって使いたい場合は，T字型のところに波形碍子を入れます．波形碍子の両端の穴に空中線となる電線を通し，碍子の穴と電線は太い釣り糸か絶縁テープでしっかり固定します．ダイポール・アンテナ両端にはタマゴ形碍子を入れます(0.2m分は碍子に巻き付けてはんだ付けする)．

そのようすは**写真10-2**で示しました．できあがりは**写真10-3**，**写真10-4**です．碍子に空中線部を縛り付けるところには，裸線を使ってはいけません．

結束バンドか太い釣り糸がいいでしょう．写真では，被覆がある細い単線を使いました．

両端に碍子を付けた状態で，全長が20mになるようにします．T字型のところからトランシーバまでは**20m**(7MHzの½λ，これが大切！)になりますが，**この長さは変えない**ことです．無線機までの距離が短い場合は，丸めないで，ジグザグ状にして張ります．無線機まで20m以上ある場合は，給電部を2倍の40mにします(余った部分を丸めるとどうなるか試してみるのもいい)．

このままオート・アンテナ・チューナ内蔵のトランシーバにつなぐと，*SWR*はちゃんと1近くになり，チューンがとれます．20m長のフィーダのおかげです．

写真10-3　できあがったビニル・コード・ダイポール

写真10-4　ビニル・コード・ダイポールの給電部

このアンテナは，「定在波」が生じることを承知の上で「電流」給電しています．同軸ケーブルの場合は定在波が立つと具合が悪い(損失が増加する)のですが，ACコードみたいな平行2線フィーダでは定在波が生じても大丈夫なのです(ハイパワーにすると，被覆のビニルが熱で融けるかもしれないが，10W〜50Wなら大丈夫）．もし，給電部分を半分の10mにしてしまった場合は，自作の電圧給電用アンテナ・チューナを使わざるを得ません．オート・アンテナ・チューナでは，整合はとれないはずです．

碍子がない場合は，太さ1.5cm〜2cm程度の塩ビ・パイプを加工して碍子のような部品を作ります．ダイポール・アンテナの両端は電圧が高くなりますから，絶縁を十分に考えて工作します．非常通信のところで触れましたが，このようなアンテナでも7MHzで十分に役立つと考えられます．

電線があれば，電波は出せる――これが短波です．非常用なら高さ10m，横20m（合計30m）の電線をロング・ワイヤーで使うことも可能です（この場合はやはり電流給電になるので，トランシーバ出力端子に直結で整合がとれる）．この場合，しっかりしたアースが必要です．最初にダイポールを取り上げたのは，アースの問題をクリアできるからです．

屋外に張ったところで，ワクワクしながらトランシーバに接続して，電源を入れました．7MHzを聞いてみると，大変良く受信できます．今まで使ってきた南北に張ったマルチバンド用の（高さが低い）ウィンドムとか，東西に張ったG5RV（高さは10m以上）よりも具合がいいのです．これには驚きました．アンテナを張った方向が良かったせいもあると思われます．痩せても枯れても，フルサイズのダイポールはいいものです．

7MHzのある周波数で知り合いが毎朝交信していますから，その時間にこのアンテナで交信を試みました．IC-756PROⅢで出力を10W〜50Wで運用してみましたが，JA1エリア，JA7エリア，JA8エリアと問題なく交信できました．

なお，このアンテナは屋内用の平行ビニル線使っていますから，太陽光と風雪にさらされると被膜（ビニル）の劣化が進むと考えられますので，5年も10年も使えるとは考えないでください．劣化が進んだら新品に交換してください．また，½λ（20m長）の部分は，太い単線にして，フィーダ（給電線）だけを平行ビニル線にしても問題ありません．

水平部，フィーダの長さをそれぞれ2倍にすれば，3.5MHz用ダイポールになります．

10-2　マグネチック・ループ・アンテナ（MLA：Magnetic Loop Antenna）

電波は電磁波とも言われるとおり，電界と磁界を変化させつつ空間を飛びます．普通のアンテナは電界アンテナです．磁界アンテナは，中波用の携帯ラジオに使われているバー・アンテナとして昔から使われてきました．断面が丸いフェライト・バーにコイルを巻いたものです．古いポータブル・ラジオを分解すると，短波用のバー・アンテナを発見することもあります（**写真10-5**）．

さて，短波の世界で使われるマグネチック・ループ・アンテナは，ほぼ⅛λ程度の長さの導体で円を作ります（一種の大きなコイル）．1か所を切ってバリアブル（可変）・コンデンサを入れます．

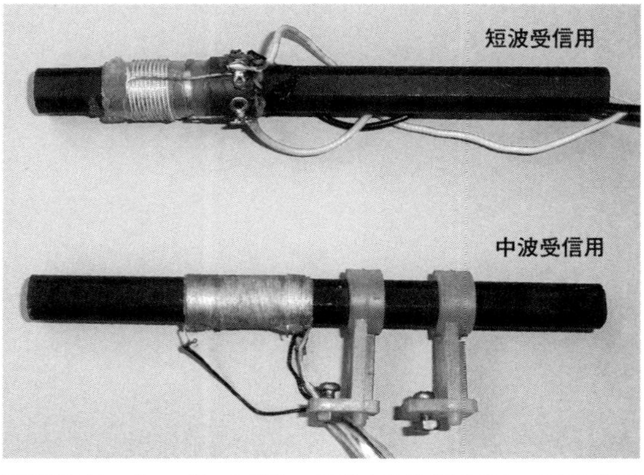

写真10-5　古いポータブル・ラジオを分解すると，短波用のバー・アンテナを発見することもある

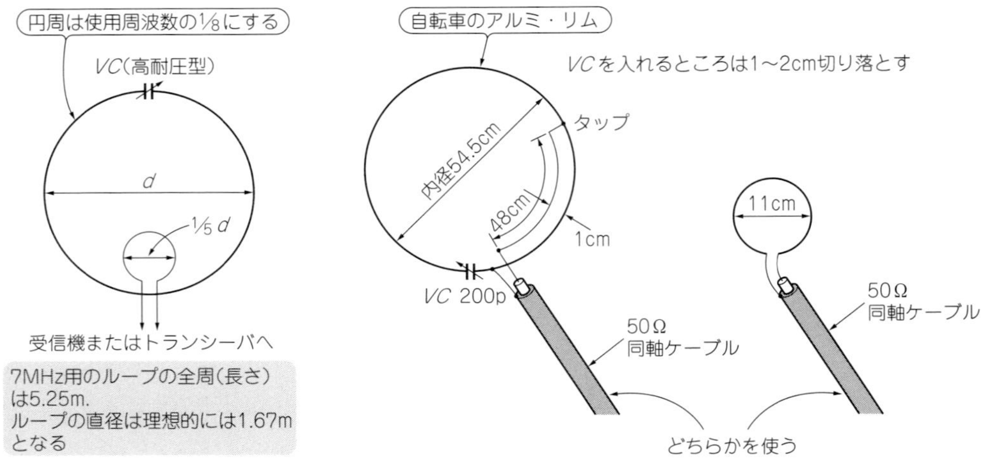

(a)　　(b) 実験した受信用マグネチック・ループ・アンテナ

図10-2　マグネチック・ループ・アンテナの概念図

これでバリコンを回すと，所定の周波数で同調が取れます(このとき円になった導体には大きな高周波電流が流れる)．欧米では単にmini Loopと呼ばれるようです．

その大きな同調回路にタップを取るか，1回巻き(円の直径の1/5が良いとされている)ピックアップ・コイルを付けて，同軸ケーブルで受信機，もしくはトランシーバに接続します．

同調は非常にシャープ(鋭い)ですが，同調した周波数は良く受信できます．ハムがハムバンドで

写真10-6　ハイバンド用マグネチック・ループ・アンテナ

写真10-7　ローバンド用二重巻のマグネチック・ループ・アンテナ

写真10-8　荒川付近で実験中

送信する場合は，受信(ノイズでも可)感度が最大のところにバリコンを合わせれば，後はアンテナ・チューナで整合が取れるでしょう．最初は送信出力を下げておくのがよいと思います(**図10-2**)．

送信の性能は½λダイポールと比較するとそれほど良くないようですが，きちんと交信はできます．7MHzで実用にしている局がいます．14MHz～28MHzではかなり使えるというレポートもあります．

筆者が以前実験的に作ったマグネチック・ループ・アンテナの写真を載せておきます(**写真10-6**，**写真10-7**)．なお，実験中のようすは**写真10-8**です．

また，今回受信用に作ってみたバラック・セットもご紹介します(**写真10-9**，**写真10-10**)．

普通はバリコンをループの上に付けるのですが，受信用として手元で回せるようにバリコンを下に付けてみました．このマグネチック・ループ・アンテナの指向性は，丸いループに沿った面の方向に出ます．丸いループが円に見える方向では，聞こえも飛びも悪くなります．この性質は逆に，強い混信から逃げる場合に活用できます．短波受信マニアにも使ってみる価値がおおいにあるアンテナです．

いずれもループ部には，不要になった自転車用アルミ・リムを使いました．スポークをすべて外し，1か所を鉄鋸を使って幅2cmくらいでバッサリと切り落とします．バリコンは浮遊容量が少ないものを使うと，使用可能周波数上限が高くなります．新品のアルミ・リムは高価ですから，太い

写真10-9　今回，受信用に作ってみたバラック・セット

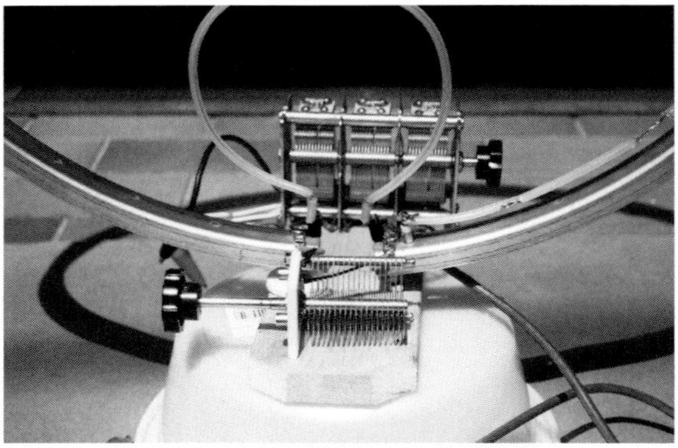

写真10-10　バリコン付近

銅線，あるいはエアコン配管用銅パイプなどで実験してみるのもいいでしょう．

高電圧が発生するので，バリコンにはそれなりの耐圧があるものが必要です．既製品に適当なものがないので自作してしまう人もいます．また，浮遊容量を少なくできるため(＝上限周波数を高くできる)，バタフライ型が理想的です(筆者は実験・受信用なので普通のバリコンを使った)．

さらに，屋外に設置していろいろな周波数に合わせるには，バリコンに減速モータをつないで，リモート・コントロールする必要があります．受信専用ならば，可変容量ダイオードを活用すると，簡単にリモコンできます．

● 使用結果

整合状態は，アンテナ・アナライザを使って調べました．

内径54.5cmのリムと200pFのバリコンを使うと，11.4MHz～32.6MHzまで同調可能です．ループ全長は1.7mくらいですから，その8倍は13.6m．1λ=13.6mだと，周波数は22MHzになります．したがって，計算上は21MHzにぴったりということになります．

200pFのバリコンを容量最大にして，430pFのバリコンを並列に接続すると，5.67MHz～10.67MHzに同調できました．木造2階建ての室内で実験したらノイズが多くて不調でしたが，外洋航海中の海上移動局(ヨットなど)をサポートしているアマチュア無線のネットワークである21MHzのオケラネットを屋外で受信してみたところ，とても良好に聞こえました(**写真10-11**)．

つまり，このアンテナは屋外で使用すると快調に使えますが，鉄筋コンクリートの中ではまったく駄目でした．アパートとかマンションのベランダなら，ある程度使えるはずです．

実際に受信してみると，同調は極めてシャープです．受信時に拾うノイズが少ないと言われていますが，受信用としては欠点が一つあります．それは同調していない周波数は感度ががた落ちになることです．したがって，状況に応じてほかのアンテナと切り替えて使うのがよいでしょう．

結合回路は，タップ式とコイル式を実験しました．24MHz，28MHz用としてはリムの直径がやや大きすぎるようで，いろいろ実験したのですが*SWR*がなかなか下がりませんでした．しかし，

写真10-11　21MHzのオケラネットを屋外で受信してみたところ，良好に聞こえた

14MHz付近では非常に良好なSWR値が得られました．バリコンの容量を増やしていけば同調周波数はそれなりに下がりますが，感度は悪くなると考えてください．

このアンテナについてさらに詳しく調べたい場合は，Magnetic Loop Antenna, mini Loop, MLA, マグネチック・ループ・アンテナ，電磁ループ・アンテナ……のいずれかで，インターネット検索してください．たくさんの有益な情報，具体的な製作例がヒットします．

第11章

Q&A
～こんなとき，どうすればいい？～

「アンテナは低くてはだめなの?」「山に囲まれた地形から短波は楽しめるの?」――長年の経験から，初心者が抱きそうな疑問について解説しました．

(1) 低いダイポール・アンテナは飛ばないのか?

ダイポール・アンテナを高く張ることができないが，それでも無線を楽しめるのだろうか，と不安になる人がいるかもしれません．低く張ったダイポール・アンテナは，電波の打ち上げ角が高くなり，遠方には飛びません．しかし，中近距離との交信にはかえって具合が良いのです．

これは一つの通信テクニックで，NVIS(Near Vertical Incidence Skywaveの略で，近垂直放射空間波と訳される)と言われます．

例えば数年前のある日の朝，筆者は3.5MHz用40m長のダイポール・アンテナを持って荒川河川敷に移動しました．アンテナを張った高さは，たった60cmです．長いので両端の支柱のほかに，間にも3本の棒を立ててアンテナを支えました(**写真11-1**)．

アンテナのインピーダンスは理想とはほど遠い値になっているはずですが，オート・アンテナ・チューナAH-4で合わせて交信を試みました．目的の横浜方面，千葉方面とは楽に交信できました．さらに，遠くは浜松と佐渡島とも交信できたのです．ちょっと信じられませんでした．

NVIS技術が使えるのは，電波伝搬のところで触れた「臨界周波数」より低い周波数だけです．時間帯で変化しますが，4MHz～10MHzで使えると言われています．高さ5m程度のダイポール・アンテナも同じようなものと考えていいでしょう．このように低いダイポール・アンテナはDX通信には向きませんが，国内通信を楽しむことができます．

- **近垂直放射空間波(NVIS)伝播　by G4MWO Paul Gaskell**
  (要訳)JM1THS/ZL3IS
  http://www.maroon.dti.ne.jp/k3is/nvis.htm

(2) 家が山間地にあるが，短波通信は無理か?

上記のNVISを理解して，低いダイポール・アンテナを張れば，電離層反射で山の向こうと交信できる可能性が，かなりあります(**図11-1**)．VHF･UHFでしたら，利得がある八木アンテナを360度回転させてみると，山の反射とか回折で交信できる方向が見つかるかもしれません．

(3) 空中線に使う銅線の被覆はどうするの?

ワイヤー・アンテナの導線は，可能ならば硬銅線(単線もしくは撚(よ)り線)を使いたいところですが，入手困難かもしれません．しかし，あり合わせのホルマル線，エナメル線，ビニル線，あるいはFケーブルを裂いて取り出した被覆付きの単線――アマチュア的にはみんな使用可能です．

その場合，銅線のコーティングとか，被覆を剥

(a)アンテナを斜めに見たようす(荒川土手の河川敷側で実験)

(b)真横からアンテナを見たようす

写真11-1　高さ60cmの3.5MHz用ダイポール・アンテナ

がす必要はありません．電磁波は導体の周囲にできる電界と磁界で空中に飛び出しますので，単線にしても，撚り線にしても，導体の直径が太いほうが整合が取りやすいと考えてください．ワイヤー・アンテナの両端は，電圧の腹といって，思いのほか高電圧になりますから，必ず碍子を入れます．

なお，着雪したり，降雨があると，*SWR*が変化する可能性がありますが，オート・アンテナ・チューナでこれを補うしかありません．

ただし，電気的・高周波的に接続する(はんだ付けする)箇所は被覆をていねいに剥がす必要があります．単線の場合は，傷をつけるとそこで折れることがありますから，注意が必要です．細い撚り線(ビニル線)ならば，慣れてくるとニッパの力加減で，細い導線を1本も切らずにビニルを除去できます．

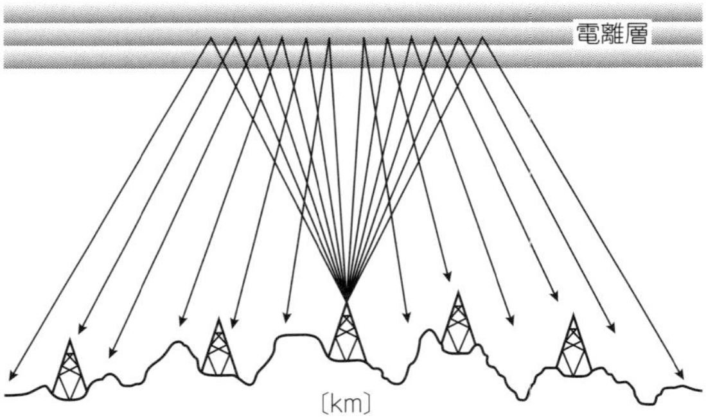

図11-1　NVISによる電波の伝搬

某大学の実験で，ある学生が配線図どおりに組んだが動かないといって，指導者に助けを求めたそうです．どれどれ……と指導者が見たら，ビニル線の被覆を剥がさないで配線してあったそうです．笑えない実話でした．

(4) 雪国に住んでいるが，降雪時に雑音が多い

これは，受信機の故障ではありません．スノー・ノイズとかヒッシングといわれる現象です．

筆者自身はスノー・ノイズの経験がありませんが，雪国在住のハムに伺うと，それはひどいノイズだそうです．雪が帯電していて，それが空中線の導体との間で放電するからと考えられています．

雪ではなくても，ひどいノイズを経験したことはあります．それは猛烈な土埃が吹きまくった日です．ジャァ～というノイズ音が徐々に大きくなり，最後にパチンという感じで雑音が消え，再びジャァ～っと雑音が大きくなる…の繰り返しでした．

また，10mの垂直アンテナの根元の避雷スイッチのスパークギャップで火花が飛んでいるのを見たことがあります．中国大陸から黄砂が飛んで来るときもこんな現象があるのかもしれません．

(5) 外国で，日本のハムの免許証・免許状で運用できるのか?

結論だけ先に書くと，「可能な場合があります」．

原則的には，日本の法律の下で取得したアマチュア無線の免許証・免許状は外国では無効です．どの国でも，電波(特に短波)は他国と通信できる(＝スパイ活動に使われる恐れがある)ので，厳格に管理されていると考えるべきです．

現在，相互運用協定を結んでいる9か国(＝アマチュア無線資格の相互認証を合意している国)は，アメリカ，カナダ，ドイツ，オーストラリア，韓国，フィンランド，アイルランド，ペルーに関しては，一定の手続きをすればアマチュア無線の運用ができます．

ただし，アメリカとフランスについては申請不要ですから，バンドプランだけは頭に入れてください．この場合も，後述する，従事者免許証と無線局免許状の英文証明(最近発給されたものには付いている)を身につけておくことは必要でしょう(逆にいうと，上記9か国のハムは，所定の手続きをすれば日本で開局し，運用することができるわけだ)．

注意点

① 日本でアマチュア無線従事者免許証を取得し，アマチュア無線局を開局している．

② 国によって，4アマ，3アマの扱いが違う．

　アメリカ：4アマは30MHz以下のバンドの運用不可．

　オーストラリア：4アマ，3アマは30MHz以上，10W以下の運用に限られる．

　韓国：4アマ，3アマの操作範囲が日本と少し違う．

③ 事前に，よく調べる．国によっては，事前の手続きが必要．

次のWebサイトもご覧ください．

● **海外でアマチュア無線を楽しもう**

http://www.jarl.or.jp/Japanese/8_World/8-1_overseas/8-1_Overseas.htm

④ 現地で使うコールサイン．

多くの場合，当該国のprefix/［自分のコールサイン］になります．

例）KH2/JA1DSI　　JA1DSIがGuamから運用する場合はこうなります．国によっては，最後に/P(固定局)，/M(移動局)を付けることを要します．

⑤ 相互認証の合意がない国での運用．

国によっては，不可能ではないようです．とにかく，総合通信局で従事者免許証と，無線局免許状の英文証明を最初に得てから，出国前に当該国の大使館に相談するか，現地にいって問い合わせすることになります．

JARL国際課に問い合わせてみると概略はわかるでしょう．

JARL国際課 TEL.03-5395-2106

運用の際は，相手国の法令，バンドプランを遵守してください．日本はIARUの第3地域に属しますが，第1地域，第2地域の国で運用する場合は特に注意が必要でしょう．

第12章

短波通信の楽しみ方
～短波通信の世界には楽しみ方がいっぱい～

ワイヤー・アンテナでも，空中状態がよければ遠方と交信できますが，単なる交信だけでは楽しみは終わりません．交信が終わってからも実にいろいろな楽しみ方があります．

まずは筆者の長年のハムライフの中で，一番印象的なQSLカードを紹介します．

写真12-1はZE6JYから届いたQSLカードです．周囲からはTom Tomという太鼓の音が聞こえており，アフリカの現地人が「What a night for DX！」と言っています．短波のエッセンスが絵になっていて面白いQSLカードです．このようなQSLカードを受け取れるのも楽しみの一つです．

それでは，短波通信の楽しみ方をいくつかご紹介しましょう．

写真12-1　ZE6JYのQSLカード
南ローデシア(現在はジンバブエ)．1961年7月に14MHzのCWで交信．筆者が得たQSLカードの中で一番面白い図柄．短波通信の神髄はこれ

(1) 国内外を問わず，見知らぬ土地のハムとの会話を楽しむ

得意な外国語があれば海外通信もさらに面白いでしょう．しかし，国内交信でも，ラバースタンプ型式ではなくて，こういう会話する交信を楽しみたいものです．一つの文章だけでも相手に伝えようとすれば，コミュニケーションは深まります．

(2) QSLカードを集める

QSLカード(交信証明書)を収集します．このQSLカードは，交信したことを証明するために交信相手に発行するカードのことで，いろいろなデザインがあり，印刷された風景を見るのも楽しいです．

目的をもって集め出すと夢中になってしまって，学業とか仕事に差し障りが生じるおそれがないとは言えませんから，要注意です．

では，筆者の手元にあるQSLカードを4枚お見せしましょう(**写真12-2**)．

QSLカードの収集の目的は，だいたいが各種AWARD取得です．今では電子QSL(eQSL)が当たり前になりつつありますが，従来のQSL「カード」必須が多いと思われます．

次のWebサイトにアクセスすれば，AWARDの概要がわかります．参考にしてください．

- **Awards in the World　世界のアワード紹介(写真12-3)**

1960年9月に28MHzのCWで交信．米国，カリフォルニアの局．写真はウィルソン山にあるテレビ塔群だが，高校生だった筆者には大変印象的だったので，コールサインを覚えていた．たくさんあるQSLカードの中からすぐ発見できた

ピョートルI世島．1987年1月に14MHzCWで交信．DX peditionで運用された局．極寒地での無線局のようすが写真からわかる(3Y1EE)

マルタ騎士団(Sovereign Military Order Malta)のアマチュア無線局．1986年7月に14MHzRTTYで交信．マルタ騎士団の前身は12世紀に作られたそうだ．ヨーロッパの歴史の深さを感じさせてくれる

オーストラリア領クリスマス島．この島は，赤いカニ(red clab)の産卵期には島中がカニだらけになるので有名．1976年4月,21MHzSSBで交信．垂直ダイポールと出力50Wだった．前日には14MHzSSBで交信している．電波伝搬上は日本から交信するのは比較的容易な位置にある．長年冬眠状態にあった筆者のDX熱も，この交信で一気に活性化された

写真12-2　筆者が持っているQSLカード

http://www.jarl.or.jp/Japanese/1_Tanoshimo/1-2_Award/dx_award.htm

- **国内版　JARL発行アワードの紹介(写真12-4)**

http://www.jarl.or.jp/Japanese/1_Tanoshimo/1-2_Award/Award_Main.htm

AJD：日本の10のコールエリアのQSLカードがあれば申請できます．

JCC：「市」と交信して申請する．2013年1月1日現在812市あります．

そのほかにもいろいろありますが，地域のクラブや個人が発行するAWARDもあります．また，周波数帯とか電波型式(モード)を絞って「特記」をねらうこともあります．さらに進むと，集めたAWARDの数を競うAWARADもあります．

- **JAPAN AWARD HUNTERs GROUP OFFICIAL SITE**

http://www.jarl.com/jag/

(3) コンテストに参加する

国内外で各種のコンテストが開催されています．上位入賞にはある程度のアンテナと無線機，運用技術，さらに強靱な体力と精神力が必要でし

写真12-3　RTTYモードだけで取得したアワード4種

ょう．また，コンピュータを活用したロギング・システムが必須です．昔の紙ログでは追いつかない時代になっています．

SSB, CW, RTTYなどのモード別が普通ですが，周波数帯別のコンテストもあります．

得点は，

交信ポイント×マルチプライヤ（倍数）

が普通です．何がマルチプライヤになるかはコンテストによって異なります．なお，参加申し込みは不要ですが，ログとサマリーシートを事務局に提出しないと参加したことになりません．現在は，電子ファイル提出が多いようです．

競争が好きではない人向けには，毎年正月の2日～3日に行われるQSOパーティをお勧めします．20局以上交信してサマリーシートとログを提出すると，その年の干支のシールがもらえます．ランク付けは行われません．筆者自身，普段はあまり電波を出していませんが，このQSOパーティには還暦以降，毎回参加して干支のシールを集めて台紙に貼っております．

コンテストは，たくさんの局と短時間に交信する絶好の機会でもあります．順位抜きで，自分のパワー，アンテナなどの限界を知るのにおおいに役立ちます．

上位をねらう局は1局でも多く交信したいので，しっかり受信してくれます．また，聞こえてくる局みんなが大電力と高利得アンテナを使っているわけではなく，100W以下の空中線電力とワイヤ

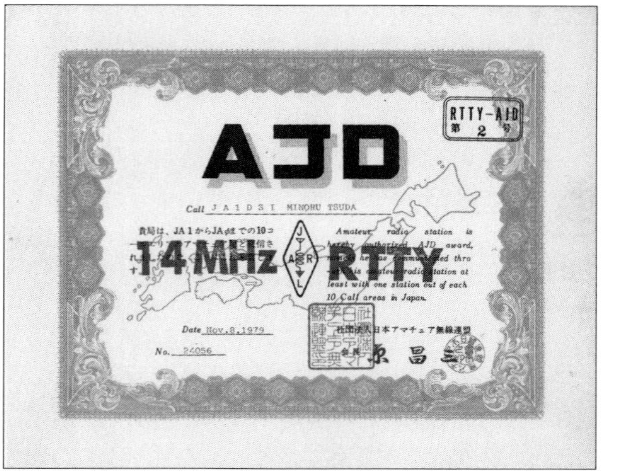

写真12-4 RTTYモードだけで完成したAJDとJCC

ー・アンテナとかバーチカル・アンテナだったりしますから，弱く聞こえている局でも，コールするときちんと応答があったりします．

国際的なコンテストで，10W(3アマだったら50W)とダイポールでどのくらい飛ぶのか試してみることをお勧めします．

国際的なコンテストはたくさんありますが，手始めにJARLが主催するAll Asian DXコンテストが良いと思います．電信，電話部門が別々の期日で行われ，コンテスト・ナンバーは，男性オペレータはRS（CWならRST）+「自分の年齢」，女性オペレータはRS(もしくはRST)+00(年齢にしてもよい)です．

- **All Asian DXコンテスト**
  http://www.jarl.or.jp/Japanese/1_Tanoshimo/1-1_Contest/all_asian/

(4) 送受信機などを自作する

毎年8月に行われるハムフェアには，自作品コンテストがあって，いろいろな入賞作品が展示されます．いまでも，こつこつと自作に励むハムは存在します．

次の2012年度のハムフェア自作品コンテストの入賞作品のWebサイトを参考にしてください．

- **2012年ハムフェア自作品コンテスト入賞作品**
  http://www.jarl.or.jp/Japanese/1_Tanoshimo/1-3_Ham-Fair/2012/jisaku2012/jisaku2012prize.htm

（このURLに3か所ある「2012」を，現在から見て一番新しい8月の年の数字に置き換えれば，今後も閲覧できると思う）．

電子的な技術のほか，板金工作技術も必要です．技術のほかに測定器や工作機械が必要になってきますから，「安く作りたい」という目的での自作は無理と思ってください．もっとも真空管時代は，ラジオもテレビも無線機も，自作すれば費用は安かったのですが．

(5) いろいろなアンテナの実験をする

電波が飛ぶか飛ばないか，聞こえるか聞こえないかが正直にでてしまうのがアンテナです．本書の性質上，ビーム・アンテナには触れません．

ワイヤー・アンテナや垂直アンテナに工夫を凝らすことは少ない費用で可能です．割に取り組みやすいのは，ローディング・コイルを入れた短縮型アンテナです．また，全長1λの電線を四角にした1エレメント・キュービカル・クワッド・アンテナも面白いと思います．簡単な割に性能が良いと言われています．

マルチバンド用ダイポールとか，マルチバンド用ウィンドム・アンテナも好適な実験対象です．目先を変えたマグネチック・ループ・アンテナ(略してMLA)は，磁界アンテナと言われ，運用もしくは受信周波数によって同調点を合わせねばなりませんが，ノイズが少ない良質な受信ができます．送信に関しては，フルサイズのダイポールよりも性能は落ちますが，面白いアンテナです．

(6) パソコンを活用して，進んだデジタルモードをやってみる

運用編で触れたRTTY，PSK31，FAX，SSTVのほかに，いろいろなデジタル(データ)通信があります．話題になっているのはWSJTとWSPRでしょう．頭が痛くなってきたら，この項は読み飛ばしてください．

- **WSJT**
  - **WSJT Home Page**
    http://physics.princeton.edu/pulsar/K1JT/

  短波用はJT65-HFです．
  - **ソフトウェア・ダウンロード**
    http://iz4czl.ucoz.com/index/0-28

このモードは，小電力でデータ通信ができるのが特徴です．インターネットで検索すれば，日本語解説のWebサイトを見つけられるでしょう．USBモードで14.076MHz，21.076MHz付近に合わせると，ピポパポとゆっくり音調が変わる信号が聞こえるかもしれません．これがJT65-HFの信号です．

- **WSPR**
  - **WSPR 2.0　ユーザーガイド　ジョー・テイラー　K1JT（日本語マニュアル）**
    http://physics.princeton.edu/pulsar/K1JT/WSPR_2.0_User_Japanese.pdf

これは，送信も行うソフトウェアです．自局から一種のビーコンを送信して，それがどこまで到達しているかを視覚的にパソコン画面で見ることもできます(別のWSPR局が電波をキャッチして，インターネットに載せるので，こんなことができる)．送信電力が大きくなくても結構飛ぶものだという感想を聞いています．

どちらのソフトウェアも，パソコンの時計が正確であることが必要です(WinXPまではタイムサーバ・クライアントのアドオンが必要なので要注意)．

両者を考案したK1JT Joe Taylorさんは，宇宙物理学者でノーベル賞を受賞した方だそうです．こういう方がアマチュア無線に関わっているのは，とても嬉しく心強いことですね．

http://www.arrl.org/news/nobel-laureate-joe-taylor-k1jt-addresses-plenary-session-at-wrc-12-receives-itu-gold-medal

---

コラム4　受信機の世界に魅せられた方に絶好の書

- **金道英雄 著『日本の業務用受信機』**（自主制作）

往年のプロ用受信機がほとんど網羅されている力作です．本書の販売は，エイチアンドエム社のホームページ，秋葉原ラジオセンター内の内田ラジオ，または著者よりヤフー・オークションで行われています．

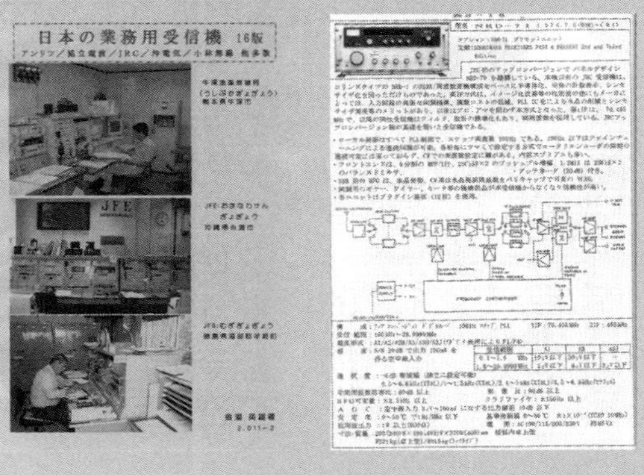

第13章

短波より下の周波数
～広く「電波の世界」を探求しよう～

短波より低い周波数である長波や超長波は,電波伝搬の点では短波ほど電波が飛びやすくはありません．しかしその分,違った面白さを味わえます．ワッチしてみましょう．

無線の世界は，奥が深いものです．短波より低い周波数は，遠くに電波を飛ばすのはなかなか大変ですが，交信すること以外にも，受信していても面白い周波数帯です．最初に書きましたように，無線の面白さは「まず受信」です．

(1) 灯台放送の受信

灯台放送とは，海上保安庁が各地の灯台から1670.5kHz AM気象情報を50W出力で放送しているものです．USBでは1669.0kHzで明瞭に受信できます．弱い信号はUSBで受信するほうが明瞭度が上がります．

● **船舶気象通報(図13-1)**

http://www.kaiho.mlit.go.jp/syoukai/soshiki/toudai/kisyou/

写真13-1　灯台放送を聞けるラジオもあるが，アナログ式ダイアルなので強く聞こえる場所でないと合わせられない

筆者がこの船舶気象通報を聞きだして十数年経ちました．1.7MHzの50Wがどのくらいで飛んでくるかに興味があるのです．アマチュアバンドの1.8MHz，1.9MHzよりも波長は長いですが，160mバンド運用に参考になると思っています．

沖縄の慶佐次(げさし)がときどき聞こえるのには驚きました．また，北海道の襟裳と釧路はよく聞こえます．日本海側の粟島(あわしま)は驚くべき強さで入感する季節があります．

この放送を聞けるラジオもあります(**写真13-1**)が，アナログ式ダイヤルなので，強く聞こえる場所でないと合わせられません．普通の中波ラジオの受信周波数上限は1605kHzですから，灯台放送を受信することはできません．

(2) 長波と超長波

40kHz，60kHzの標準電波局JJYの信号を聞いてみたいと思い，いろいろなトランシーバ，受信機をテストしてみました．第2章で紹介した受信機IC-R75では受信できます．ところが，ハム用トランシーバの場合，概して感度不足です(機種によっては感度が相当良いものがある)．こういうときに威力を発揮したのが，話題のミニホイップ・アンテナ＋コンバータです．

■ 船舶気象通報観測箇所

平成24年7月1日現在
気象海象観測　126か所

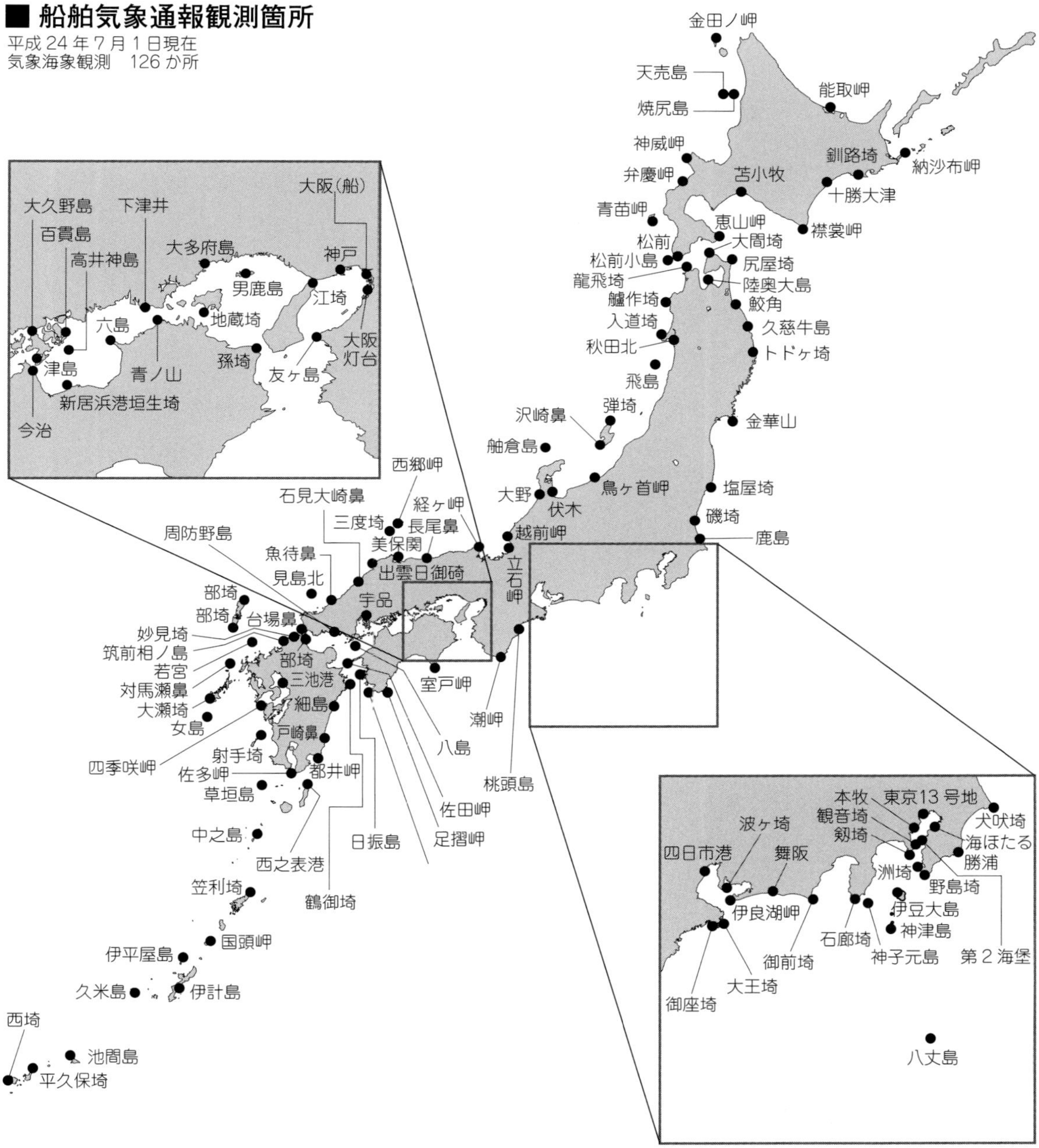

図13-1　船舶気象通報観測箇所
沿岸海域を航行する船舶や操業漁船，またプレジャーボート活動や磯釣りなどの海洋レジャーの安全を図るため，全国各地の主要な岬の灯台など126か所において，局地的な風向，風速，波高などの気象・海象の観測を行い，その現況を無線電話，テレホンサービスまたはインターネットにより提供している

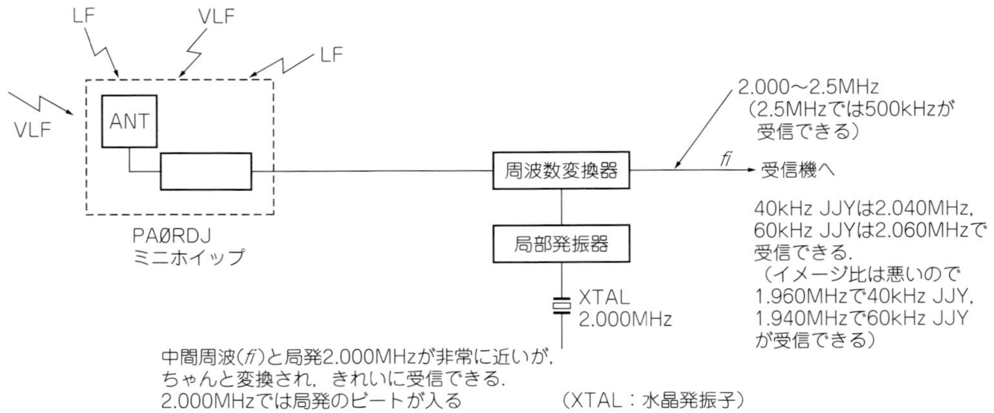
LF
VLF
LF
VLF
ANT
PAØRDJ
ミニホイップ
周波数変換器
局部発振器
XTAL
2.000MHz
2.000～2.5MHz
（2.5MHzでは500kHzが
受信できる）
fi
受信機へ
40kHz JJYは2.040MHz，
60kHz JJYは2.060MHzで
受信できる．
（イメージ比は悪いので
1.960MHzで40kHz JJY，
1.940MHzで60kHz JJY
が受信できる）
中間周波(fi)と局発2.000MHzが非常に近いが，
ちゃんと変換され，きれいに受信できる．
2.000MHzでは局発のビートが入る
（XTAL：水晶発振子）

図13-2　LF・VLFを聴くための付加装置

写真13-2　長波，超長波を聴くための人気のミニホイップ

ミニホイップは日本でもたくさんの人が実験しています．アンテナらしきものは，3.5cm×4.5cmの銅板部分です．これは受信専用になります(**写真13-2**)．

- **The pa0rdt-Mini-Whip**
  http://www.radiopassioni.it/pdf/pa0rdt-Mini-Whip.PDF

これに，**図13-2**に示す簡単なコンバータ(長波・超長波を2MHz帯に変換する)をつないで，18kHz～400kHzあたりを聞いてみましたが，車載でも聞こえるのには驚きました．この方式ならばどんなHFトランシーバでも，長波・超長波を受信できます．

短波より低い周波数も受信マニアにはなかなか興味深いです．アマチュア無線では135kHz帯が許可されています．受信だけなら上述したミニホイップで可能です．

コラム5　ARRLはアメリカ無線中継連盟！

多くの国のアマチュア無線連盟の名称は，

［国名］＋Amateur Radio League

です．ところが，米国のアマチュア無線連盟に相当する団体ARRLはAmerica Radio Relay Leagueです．ARRLのURLは，http://www.arrl.org/（説明として，The national association for AMATEUR RADIO が入っている)です．

● Relay Leagueになった経緯

ハイラム・パーシー・マキシム(Hiram Percy Maxim，有能なビジネスマン，マシンガンなどの発明家，エンジニアであり，かつラジオ・アマチュアであった．コールサイン1WH)は，コネチカット州・ハートフォードから，マサチューセッツ州・スプリングフィールドに連絡を取ろうとしました(相互の距離は，30マイル)．1kWの免許を得ていたのですが，そのときは通信できなかったので，ほかの局を中継することを考えました(当時の受信機を考えれば，通信可能距離は現在とは大違い)．そのころは，通信の黎明期で，アマチュア局が相互の通信するほかに，一般人のメッセージの中継をやっていたらしいのです(黎明期で，「第3者の依頼による通信をやってはならない」という法律はなかったものと考えられる)．

1914年4月のハートフォードの無線クラブで，マキシムはあらかじめ考えておいた「American Radio Relay League」の組織を拡大することを提案し，クラブ員は合意しました．その結果，すべてのアマチュア局に趣意書とアプリケーションフォームが送られ，1914年9月には230局以上のアマチュア局を擁するようになったそうです．

1915年には，ARRLはハートフォード無線クラブから独立しました．これがARRLの始まりで，それが百年続いてきたわけです．

- **各国のアマチュア無線関係の公式団体名称**

(必ずしも，Amateur Radio Leagueとは限らない)

参考　**List of amateur radio organizations**
　　http://en.wikipedia.org/wiki/List_of_amateur_radio_organization

第14章

常備したい測定器と工具
～トラブルは自力で解決～

テスターがあれば電気関係の測定はかなりできますが，それ以外にも機器の動作をチェックするための測定器とか，便利な工具があります．徐々にそろえて，少々のトラブルは自分で解決できるようになりたいものです．

測定器と工具，いずれにしてもある程度はそろえたいものです．本章では測定器と工具に分けて紹介いたします．測定器，工具ともに番号が若いほど，必要度が高いと思ってください．

14-1　測定器

(1) テスター(回路試験器)

正式にはサーキット・テスターと言います．受信マニアにもハムにも必需品です．

昔は針が振れるメータの付いたアナログ・テスターが当たり前でした．現在は，電圧，電流，抵抗値が数字で表示されるデジタル式(デジタルマルチメータと言われる)が主流になっています．好きなタイプのテスターを1台そろえましょう．

安価なものでもかなり使えます．いずれにしても，**デジタル・テスターの類は，使わないときは必ずツマミをOFFの位置に**します．そうしないと電源である電池が放電してしまうからです．

写真14-1は，50数年前に購入したアナログ・テスターです．まだ正常に動作します．故障したことはなく，今も現役です．一生使えます．

写真14-2はデジタル・テスターです．左側はデジタル・マルチ・メータの一例です．これは電圧，電流，抵抗値以外に，温度とか音圧も測定できます．右側は，比較的安価で使いやすいタイプのデジタル・テスターです．

デジタル・テスターの場合，DC電圧の測定で，＋棒と－棒の極性を間違えてもマイナス電圧で表示されるので，至極便利です．

(2) SWRメータ

アンテナとトランシーバの間に挿入して定在波比を測定します．受信をするだけなら不要です．SWR値が1.0～1.5なら合格です．SWR値が3以上だと，送信部の保護回路が作動して送信不能になると考えて間違いありません．

注意すべきは，*SWR*が最適値の1.0だからといって，電波の飛びが格段に良くなるわけでもありませんし，電波障害が発生している場合にそれが解消されるわけでもありません．ただし，送信部終段部の動作条件が最良になることは確かです．

ほとんどのSWRメータが，高周波電力計を兼ねています．高周波で使える擬似空中線(無誘導抵抗：50Ω)を接続すると，*SWR*はほとんど1.0になります．この状態で，取扱説明書に従って操作すると高周波電力を測定できます．空中線を接続した状態で*SWR*が1.0に近ければ高周波電力(送信

写真14-1　50数年前に購入したアナログ式テスター．今も現役

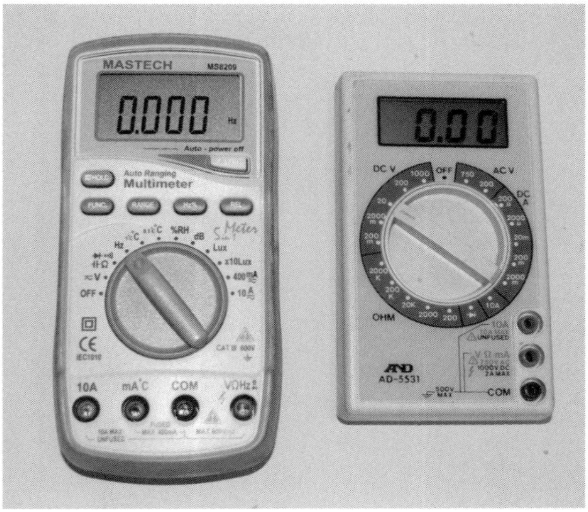

写真14-2　デジタル・テスター

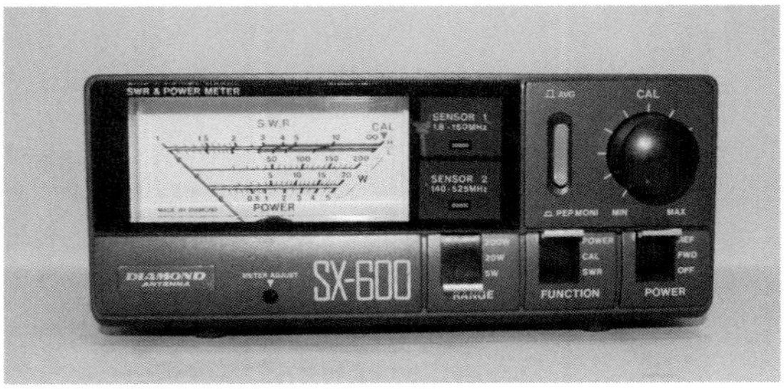

写真14-3　SWRメータ

出力)を測れます．電信，RTTY，FMモードだとこれでいいのですが，SSBモードでは単一信号をマイク端子に入れて測定します(マイクに向かってアァ～と声を出しても正確な値はわからない)．

DC12V用のトランシーバで出力が10Wや50Wが出ないときは，電源電圧をチェックします．メーカーが表示する送信出力は，仕様を見るとわかりますが**DC＝13.8V**のときの値です．12Vのバッテリを積んでいる自動車やバイクは，走行中に充電されてこのくらいの電圧に上がると想定してこのようになっています(**写真14-3**)．

(3) 擬似空中線(ダミー・アンテナ)

送信機(トランシーバの送信部)のテストには擬似空中線を使うことと，電波法第57条に定められています．既製品もありますが，無誘導抵抗を購入すれば自作できます．ダミー・ロードとも言われます．

昔の螺旋状の溝が切ってあるカーボン抵抗や，巻き線抵抗は使えません．その理由は，(インダクタンスがある)コイルは高周波に対して抵抗になってしまうからです．この抵抗分は周波数に比例します．酸化皮膜抵抗を複数使って作ります．抵抗を並列接続した場合の計算式を知っている必要があります．

500Ω 1Wの抵抗を10本並列にすれば，50Ω 10Wの擬似空中線になります(**写真14-4**)．

真空管時代は，電球が擬似空中線としてよく使われましたが，現在のトランシーバには決して使ってはいけません．半導体の送信部を壊すおそれが多分にあるからです．

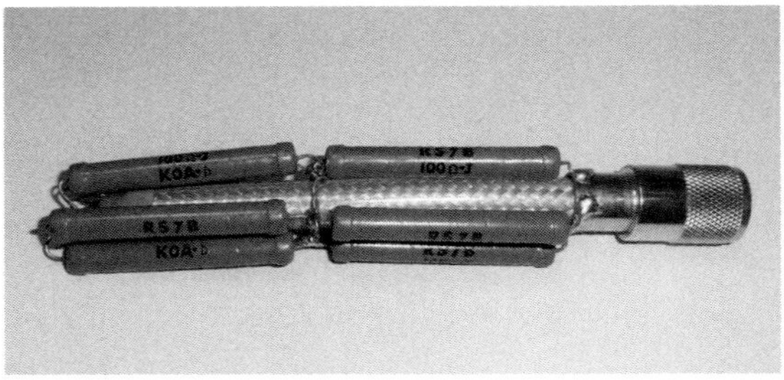

写真14-4　擬似空中線の例(50Ω,50W用)

(4) ディップメータ

アンテナをつけない小さな発信器で，周波数不明の共振回路にコイルを近づけて，発振周波数を変えていくと，共振周波数でメータがピクリと下がります(この状態をディップという).

インダクタンス既知のコイルと容量不明のコンデンサを組み合わせたり，キャパシタンス既知のコンデンサとインダクタンス不明のコイルを組み合わせて共振周波数を探って，計算式でコンデンサの容量やコイルのインダクタンスを(大まかだが)推定することができます.

また，アンテナの共振周波数をある程度知ることができます．この場合は，アンテナにつながる同軸ケーブルの内部導体と外部導体の間に直径1cm，数回巻きのコイルを付けて，ディップメータのコイルを近づけて周波数を変えて探ります.

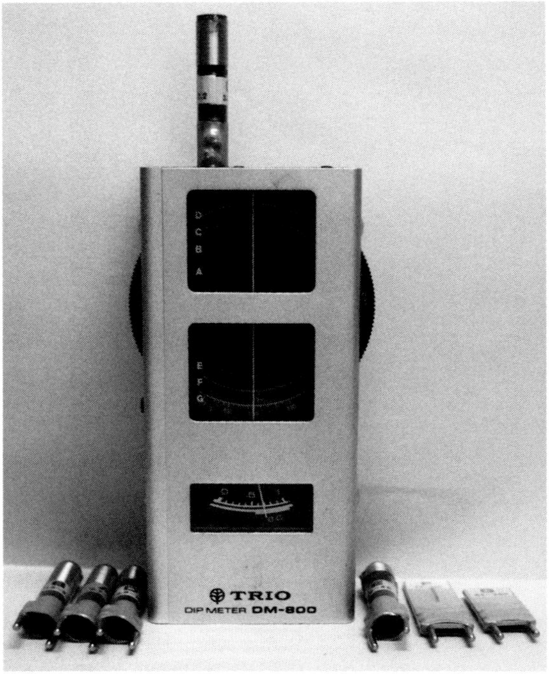

写真14-5　万能測定器であるディップメータ

ディップメータを**写真14-5**にあげました.

自作とか実験が大好きで，予算的に余裕があるなら，アンテナ・アナライザー，周波数カウンタ，オシロスコープ，シグナルジェネレータもそろえたいところです.

14-2　工具

自作をほとんどやらない場合は適宜省いてかまいません．しかし，アマチュア無線技士なら，最低限，次の(1)～(5)まではそろえておきたいものです.

(1) ドライバーとナット回し

まず，ドライバーはマイナス形とプラス形が必要です．100円ショップでも，先端に焼きの入った使いやすいドライバーが手に入りますので，持っておきましょう.

次に，ナット回しは，3mmまたは4mmがあればいいでしょう．また，プラスとマイナスの細いドライバ・セットや，六角レンチ(セットもの)があると便利です.

なお，マイナス・ネジ，プラス・ネジを緩めたり締めたりする作業が多ければ，(8)で述べる電ドラ(電動ドライバ)が欲しくなります.

(2) はんだゴテ

はんだゴテは，20W～30W程度のもの1本(プリント基板のはんだ付け用)，60～100W程度のもの1本(同軸コネクタと同軸ケーブルを接続するとき必要)が要ります．本体が1本で，押しボタンでパワーを切り替えられるタイプもあり，これもなかなか便利です．消耗品であるはんだは言うまでもなく必要です(**写真14-6**)．

(3) ピンセット

導線をコネクタやプリント基板にはんだ付けするとき，プリント基板上の抵抗とかコンデンサを取り外すとき，入りくんだ配線を見るとき，緩めたナットを外すときなどに不可欠です．先が尖っているものと先が丸いもの(力を入れられる)の2本そろえたいものです．

ピンセットがないと，はんだ付け作業はできないと思うほうがいいでしょう．熱に弱いパーツをはんだ付けするときは，ピンセットでパーツのリード線をはさんでやると放熱効果があります．安価なものは力を入れると変形してしまうので，注意が必要です．

2～3種類持っていると至極便利です．

(4) ニッパー

配線用のビニル線の被覆を剥いだり，所定の長さに切断するのに使います．

ニッパーは，切断できる電線の太さが表示されており，それを超える太さの電線を何度も切ると切れ味が明らかに低下します．

ビニル線のはんだ付け部の被覆をはさんで楽に外せるようになったタイプもあります(両刃をくっつけたとき，刃に小さな孔がある)．長年やっていると(穴がないニッパーでも)相当太いビニル線まで内部の撚り線を1本も切らずに被覆を除去することができます．

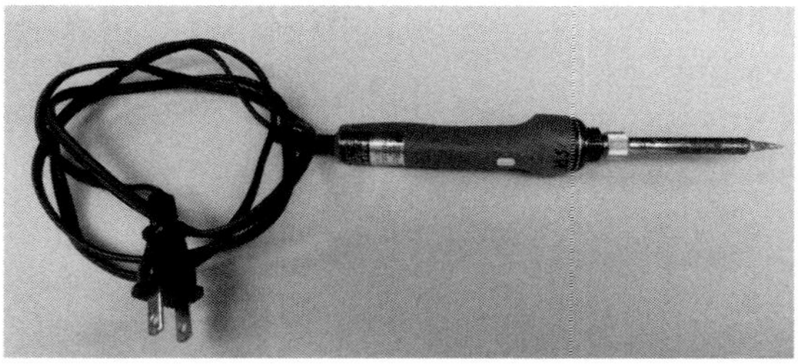

写真14-6　はんだゴテ．これは15W/90Wの切り換ができる

(5) ラジオペンチ

太めの単線や幅の狭い銅板を折り曲げたりするのに使います．先端が曲がったタイプもあり，こちらが役立つこともあります．

(6) プライヤーもしくはペンチ

この工具は，可変抵抗器やロータリー・スイッチ，マイク・コネクタなどの大きなナットを締めたり緩めたりするのになかなか便利です．この用途には，自動車やバイク用のスパナで使えるサイズがあります．また，ディープ・ソケットと呼ばれるレンチも役立つ場合があります．

ラジオペンチでは先端が細くて十分な力を入れられません．また，ワイヤー・アンテナの工作時に使えます(普通のペンチでも代用できる)．

(7) ヤスリ

筆者の長年の経験では，甲丸(半丸)といわれるものが万能です．これは片面が平らで裏側の断面が円形になっているものです．現在は，100円ショップでもいろいろなタイプがそろえられています．

場合によっては(はんだ付けの準備作業用に)紙ヤスリや布ヤスリが必要になります．

(8) 電動ドリル

これも自作派用です．プリント基板用には専用のものがあります．直径3mmとか4mmの穴開けには，電動ドライバと電動ドリル兼用の「電動ドリル・ドライバ」が便利です．

板金工作が主でしたら，本当の電動ドリルのほうが高速な穴開け作業に向いています．

電動ドライバの穴開け速度は遅いので，道具に凝る方は，据え置き型のボール盤を使います．

50数年前の真空管時代，中・高校生には電動ドリルはとても買えなかったので，ハンド・ドリル（手回しのドリル）を使いました（**写真14-7**）が，作業するとすぐに手に豆ができました．今は本当に便利になりました．

なお，穴開けには，穴の中心部に小さな凹みをつけるポンチ（**センター・ポンチ**）があると精度の良い工作ができます（ポンチで傷をつけてそこにドリル・ビットの先端を当てるとピシッと決まる）．

(9) ハンド・ニブラ

アルミニウム板に四角い穴を開けたい場合は威力を発揮します．ハンド・ニブラの先端が入る穴をドリルで開けてから，この工具でアルミニウムを5mm×1mm幅くらいに切り取っていきます．こんなので開けられるのかと思うくらいですが，軽い力でどんどん切れますから作業時間は案外短くて済みます．

ドリルで四角の内側にたくさんの穴を開けて，ポンと打ち抜いてヤスリで仕上げをする手もあります．丸形のメータ用の穴を開けるにはこの手が使えます．

また，四角の四隅付近だけ3mmのドリルで穴を近い位置に開けて，長さ2cmくらいのスリット（隙間）を作り，鉄鋸の刃を垂直に立てて，手袋をした手で刃を持って上下させて1辺ずつ切っていく方法もあります．これは真空管時代，電源トランスの取り付け穴を開けるために行いました．

(10) シャーシ・パンチとリーマ

きれいな円形の穴（直径16/18/21/25/30mm）を開けたい場合は，威力を発揮します．

直径10mmの下穴を開けてから，ネジ式シャーシ・パンチでアルミ板を円形にくりぬきます．直径10mmのドリル・ビットを装着できる電動ドリルが必要です．

電子工作でのリーマは，テーパー・リーマと言われるもので，小さな孔を大きくする工具です．

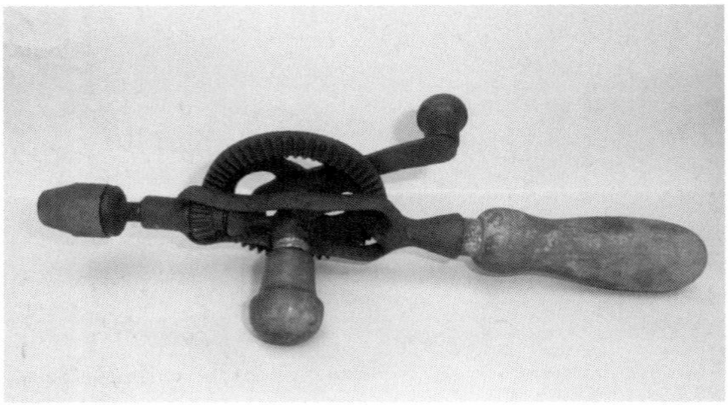

写真14-7　古いハンド・ドリル
50数年前は，電動ドリルは高価でアマチュアには買えなかったので，ハンド・ドリルで穴開け作業をした．アルミシャーシにトランス取り付け穴とか，真空管ソケットの穴（リーマを使うために最初はドリルで穴開けをする）など，すべてをこれ1丁でこなした．前世紀の遺物と思っていたら，現行の製品もあるので驚かされた

コラム6　短波の魅力がわかるサイト紹介

- **名崎無線送信所研究サイト**
  http://homepage2.nifty.com/nazaki-tx1/
  短波の業務通信関係情報が満載です．懐かしい短波JJYのエミュレータについても触れられています．女声アナウンスまで昔とそっくりに聞けます．
- **アンテナの見える風景**
  http://home.p04.itscom.net/yama/
  業務用無線局のアンテナに限りないロマンを感じます．

第15章

戦後日本のハム事情
～あとがきに代えて～

第二次世界大戦が終了して7年後の1952年,戦争により中断していた日本のアマチュア無線は再開しました.そしてモールス電信の義務のない電話級(第4級アマチュア無線)制度の導入により,日本のハム人口は世界一にまで上りつめ,日本製の無線機器が世界中に普及していきました.そんな時代のことをお話ししましょう.

● 半世紀前と今と

筆者が,鉱石ラジオを最初に作ったのは小学生のころでした.ゲルマニウム・ダイオードはまだない時代で,本物の「鉱石」(方鉛鉱)を使いました.近所にラジオを作るお兄さんがいて,その影響で筆者も真空管式ラジオを作り始めました.

そのうち,アマチュア無線なるものを1955年ごろに知りましたが,そのころは資格としては第1級アマチュア無線技士と第2級アマチュア無線技士しかないころで,国家試験は結構難しかったようです.

「船の通信士がかっこいいなぁ」なんて思って,プロの通信士,無線技術士受験用雑誌なども買ったものです.その後,いろいろ考えて別の道を歩むことにしました.

最初に,まずは短波受信機を作りました.高校1年生のころには,コリンズタイプ・ダブルスーパ受信機を完成させていました.1959年(昭和34年)4月期の国家試験は,第1級,第2級(当時は新2級)に加えて,電信級(現在の第3級アマチュア無線技士の元)と電話級アマチュア無線技士(現在の第4級アマチュア無線技士に相当)の4資格の最初の国家試験が行われることを知り,電話級を受験し首尾よく合格しました.法規10問,無線工学10問で記述式でした.

この合格は,筆者の人生で一番嬉しかったことの一つです.通っていた高校に,母から「合格した」という電話が入り,担任の先生を通じてそれを知り,嬉しくて弁当がのどを通らなかったのを覚えています.「これで晴れて電波を出せる!」という嬉しさでした.

第1級と第2級しかなかったころは,難しいと言われていた国家試験が高い壁となり,無資格・無免許のアンカバー局(不法局)が7MHzで電波を出し,アンカバー同士で交信するという状況がありました.当時の電波監理局に捕捉されつかまった人もたくさんいたようです.

何故それほどまでに? と思われるかもしれませんが,真空管時代のアマチュア無線で使う電波型式はAM(原理的には中波の放送と同じ)が主で,送信機を作ることは案外容易だったのです.送信機を作れば電波を出したくなります.娯楽はラジオくらいしかない時代ですから,銅線で作ったアンテナで離れた所と話ができるのは最高に面白いことでした.実は,アマチュア無線の交信をワッチ(傍受)するだけでも面白いものでした.ご年配のハムの多くが同じような道,すなわち短波でアマチュア無線を聞いてハムになりました.ワッチで，交信時のマナーなどを学ぶことができました．

● アマチュア無線を長く楽しむ秘訣

さて，現在は，日本製の優秀なアマチュア無線機器がたくさんあります．「はじめに無線機ありき」の様相を呈しています．そして，「このトランシーバを使うには，アマチュア無線技士の免許が必要です」との断り書きがあります(本当は，無線従事者の免許証取得後，無線局開設の申請をして免許状取得後，はじめて使うことができる)．

第4級アマチュア無線技士は養成課程を受講し，修了試験に合格すれば無線従事者の資格を取得できます．その後に，アマチュア無線局新設申請すれば，書類審査で呼出符号(識別信号)が発給され，めでたく電波を送信することができるわけです．

筆者が始めたころまでは，空中線電力の大小に関係なく，予備免許を得てから落成検査を受け，合格すれば本免許になりました．昭和35年3月に現在の「認定制度」が始まり，面倒な手続きはなくなりました(現在でも，201W以上のアマチュア無線局に関しては，予備免許→落成検査→本免許という手順は同じ)．

開局が容易にはなったのですが，短波通信が無線だと思っている筆者には憂うべき状態があります．

多くの第4級アマチュア無線技士が最初に手にするのは，VHF/UHFのハンディ機(小形のポータブル無線機)なのです．これでは無線の本当の面白さはわからないまま終わるでしょう．その一方で，正価100万円もする短波帯用アマチュア無線機が各メーカーから発売されています．このアンバランスは極めて不思議です．

ひと頃は，日本のアマチュア無線局数は，養成課程の普及もあり，百数十万局に達しましたが，その後はどんどん減少し，平成24年現在では43万局まで落ち込んでいます．その理由はいろいろあると思いますが，携帯電話の普及は大きいと思われます．アマチュア無線を電話代わりにしたいと思った人はアマチュア無線から去ったとみています．

確実な通話をするなら，携帯電話のほうが優れています．筆者がハム仲間とどこかで落ち合うときは，無線機を持たずに携帯電話を頼りにしているのも，確実性重視だからです．

しかし，無線の面白さは通信すること以外にいろいろあり，筆者が開局以来ハムを続けている理由はそこにあります．

● 環境の変化

筆者が無線に興味を抱き始めてから50数年が経ちました．この間に，電子的素子が大きく変わりました．変わらないのは，太陽活動に依存した短波の電波伝搬です．

50数年前はラジオも高級オーディオ・アンプも主役は真空管でした．アマチュア無線用受信機，送信機も真空管を使っていました．少なくとも，この時代は，アマチュアがメーカー製と遜色ない受信機，送信機を自作することができました．

それが，トランジスタの登場と進歩により，アマチュア無線機器のトランジスタ化，半導体化が進みました．短波トランシーバの電力増幅とドライバだけは真空管，後はすべてトランジスタとICという時代がかなりありましたが，最終的には，すべてソリッドステート化(固体化，すなわち半導体化)されました．現在では1kW出力のリニアアンプにさえ，半導体が使われています．

また，送受信機の周波数の「読み」と「表示」が大きく変わりました．今は，周波数直読が当たり前ですが，真空管時代は直読は夢のまた夢でした．ダイヤルの周波数表示の較正は，内蔵のマーカー発信器を使うとか，標準時の電波(JJY：短波送信は2001年3月31日停波)に依存していました．デジタル技術がいち早く取り入れられたのが，この周波数制御と周波数表示だったと考えられます．

同時にマイコン(マイクロプロセッサ)や周辺パーツが安価で小形になったこともあり，無線機器の制御にも使われ始めました．現行のアマチュア無線機で，マイコンを内蔵していないものはないと言っていいと思います．

こうなってくると，アマチュアがメーカー製受信機あるいはトランシーバの性能をしのぐものを自作することは非常に困難です．既製の受信機，またはトランシーバにアンテナをつなぐだけになります．

しかし，アンテナや周辺機器(特にパソコンと無線機のインターフェース)だけは，まだ自作ができます．ですから，短波の面白さは，自作できる部分が減った今でも，まだまだあります．この面白さは，やってみないとわかりません．

アンテナに関しては，自作したり創意工夫する道が十分あります．短波用のアンテナを家に設置するには，それなりの敷地が必要ですが，アパート・マンション住まいのハムもあの手この手で工夫して，小さなアンテナでアマチュア無線を楽しんでいます．短いアンテナでも腕次第で実用になります．

アンテナが使えるようになっても，短波の伝搬は思うようにはいきません．電離層を人工的に制御することはできません．すべて太陽任せです．電波伝搬の原理を知り，季節，時間帯によって，通信可能な地域が変わることを学ぶことも重要です．

● アマチュアとは？

サントリー創業者である鳥井信治郎氏の口癖は「やってみなはれ」だったそうです．真空管「ソラ」を開発し，第一次南極観測隊の副隊長兼越冬隊長を務めた西堀榮三郎氏も「とにかくやってみなはれ．やる前から諦める奴は，一番つまらん人間だ」と言ったそうです．

そうです，「失敗は成功のもと」ということわざと同じです．英語にはtrial and error，あるいはcut & tryという言葉もあります．

アマチュア無線は自分が「無線技術に対する個人的な興味」を持って楽しむものですから，この精神でいろいろ試してみることをお勧めします．

いつかお空でお会いしたいものです．73 & 88

コラム7　短波マニアの聖地 コミュニケーション・ミュージアムに行ってみよう

東京・調布市にある電気通信大学には，コミュニケーション・ミュージアムという立派な施設があり，見学できます．同大学のアマチュア無線部のクラブ局JA1ZGPは，いろいろなコンテストでアクティブなので有名です．

http://www.museum.uec.ac.jp/index.html

事前に，Webサイトで開館日を確認することをお勧めします(開館時間は正午～午後四時まで)．

短波通信華やかなりしころの送信機とか受信機が展示され，真空管類も多数あります．

ノーベル賞を受賞した小柴博士のサイン入り50cm光電子増倍管も展示されています．

写真15-A　JA1BHR(戦前のJ2HR)安川さんは，2008年に90歳で他界された．戦前からのアマチュア無線界の重鎮で，国税庁長官も務められた．通信機器のコレクタとしても有名．
写真のように，アマチュア無線局のコールサインと生前使用されていた受信機と送信機がきちんと展示されているのは嬉しいことだ

資料編-01

アマチュア無線局の 地域ごとのコールサイン割り当て

※プリフィックスは2013年7月までの割り当て実績で表記.
8J,8Nは記念局などの特別な局に(8Mも特例で二例あり),JDは小笠原と南鳥島に,
それぞれ割り当てられます.
7Jは一時期日本国籍を持たない方に(ほかに沖ノ鳥島での使用あり),
また,7K,7L,7M,7N(これに続く数字は1～4)は,人口が多くコールサインが
逼迫していた関東地方に,それぞれ割り当てられました.

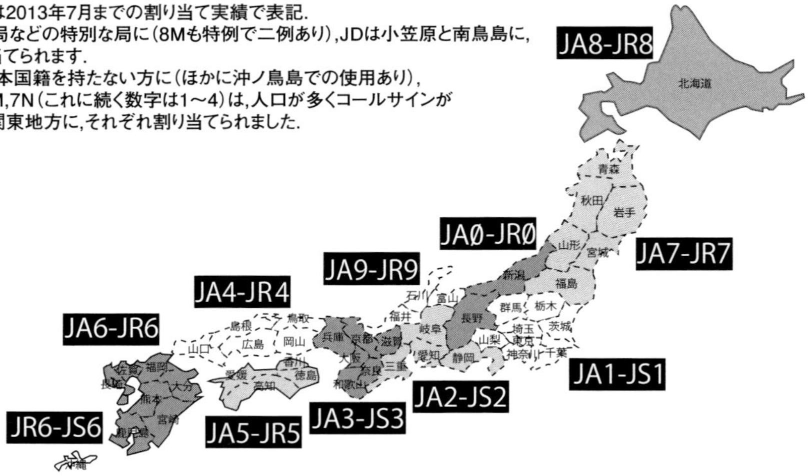

● 全国の総合通信局一覧

地域番号	総合通信局	管轄都道府県	住所	電話
1	関東総合通信局	東京, 神奈川, 千葉, 埼玉, 群馬, 栃木, 茨城, 山梨	〒102-8795 東京都千代田区九段南1-2-1 九段第三総合庁舎	03-6238-1937 (自動応答)
2	東海総合通信局	愛知, 静岡, 岐阜, 三重	〒461-8795 愛知県名古屋市東区白壁1-15-1 名古屋合同庁舎第3号館	052-971-9622
3	近畿総合通信局	大阪, 兵庫, 京都, 奈良, 滋賀, 和歌山	〒540-8795 大阪府中央区大手前1-5-44 大阪合同庁舎第1号館	06-942-8564
4	中国総合通信局	岡山, 広島, 山口, 鳥取, 島根	〒730-8795 広島県広島市中区東白島町19-36	082-222-3369
5	四国総合通信局	香川, 愛媛, 高知, 徳島	〒790-8795 愛媛県松山市宮田町8-5	089-936-5034
6	九州九州総合通信局	福岡, 佐賀, 長崎, 熊本, 大分, 宮崎, 鹿児島	〒860-8795 熊本県熊本市二の丸1-4	096-326-7865
	沖縄総合通信事務所	沖縄 (JR6, JS6) **	〒900-8795 沖縄県那覇市東町26-29	098-865-2306
7	東北総合通信局	宮城, 福島, 岩手, 青森, 秋田, 山形	〒980-8795 宮城県仙台市青葉区本町3-2-23 仙台第2合同庁舎	022-221-0688
8	北海道総合通信局	北海道	〒060-8795 北海道札幌市北区北8条2丁目1-1 札幌第1合同庁舎	011-709-2311 (内4655)
9	北陸総合通信局	石川, 福井, 富山	〒920-8795 石川県金沢市広坂2-2-60 金沢広坂合同庁舎	076-233-448
0	信越総合通信局	長野, 新潟	〒380-8795 長野県長野市旭町1108 長野第1合同庁舎	026-234-9988

資料編-02

国際呼出符字列分配表

国際呼出符字列	国名	首都	言語
A2A-A2Z	ボツワナ共和国	ハボローネ	英語，ツワナ語
A3A-A3Z	トンガ王国	ヌクアロファ	トンガ語，英語
A4A-A4Z	オマーン国	マスカット	アラビア語
A6A-A6Z	アラブ首長国連邦	アブダビ	アラビア語
A7A-A7Z	カタール国	ドーハ	アラビア語
A8A-A8Z	リベリア共和国	モンロビア	英語
A9A-A9Z	バーレーン王国	マナーマ	アラビア語
AAA-ALZ	アメリカ合衆国	ワシントンD. C.	英語
AMA-AOZ	スペイン	マドリード	スペイン語
APA-ASZ	パキスタン・イスラム共和国	イスラマバード	ウルドゥ語，英語
ATA-AWZ	インド	ニューデリー	ヒンディー語，英語，ほか
AXA-AXZ	オーストラリア連邦	キャンベラ	英語
AYA-AZZ	アルゼンチン共和国	ブエノスアイレス	スペイン語
BAA-BZZ	中華人民共和国	ペキン(北京)	中国語
C2A-C2Z	ナウル共和国	ヤレン	ナウル語，英語
C3A-C3Z	アンドラ公国	アンドララベリャ	カタルニア語,仏語,スペイン語, ポルトガル語
C4A-C4Z	キプロス共和国	ニコシア	ギリシャ語，トルコ語
C5A-C5Z	ガンビア共和国	バンジュール	英語，マンディンゴ語，ウォロフ語
C6A-C6Z	バハマ国	ナッソー	英語
C7A-C7Z	世界気象機関		
C8A-C9Z	モザンビーク共和国	マプト	ポルトガル語
CAA-CEZ	チリ共和国	サンティアゴ	スペイン語
CAN-CNZ	モロッコ王国	ラバト	アラビア語，仏語
CFA-CKZ	カナダ	オタワ	英語，仏語
CLA-CMZ	キューバ共和国	ハバナ	スペイン語
CPA-CPZ	ボリビア多民族国	ラパス	スペイン語，ケチュア語，アイマラ語
CQA-CUZ	ポルトガル共和国	リスボン	ポルトガル語
CVA-CXZ	ウルグアイ東方共和国	モンテビデオ	スペイン語
D2A-D3Z	アンゴラ共和国	ルアンダ	ポルトガル語，その他ウンブンドゥ語系
D4A-D4Z	カーボヴェルデ共和国	プライア	ポルトガル語，クレオール語
D5A-D5Z	リベリア共和国	モンロビア	英語
D6A-D6Z	コモロ連合	モロニ	仏語，アラビア語，コモロ語
D7A-D9Z	大韓民国	ソウル	韓国語
DAA-DRZ	ドイツ連邦共和国	ベルリン	独語

国際呼出符字列	国名	首都	言語
DSA-DTZ	大韓民国	ソウル	韓国語
DUZ-DZZ	フィリピン共和国	マニラ	フィリピノ語，英語
E2A-E2Z	タイ王国	バンコク	タイ語
E3A-E3Z	エリトリア国	アスマラ	ティグリニャ語，アラビア語，諸民族語
E4A-E4Z	パレスチナ		
E5A-E5Z	クック諸島	アバルア（ラロトンガ島）	クック諸島マオリ語，英語
E5A-E5Z	ニュージーランド	ウェリントン	マオリ語，英語
E6A-E6Z	ニュージーランド	ウェリントン	マオリ語，英語
E7A-E7Z	ボスニア・ヘルツェゴビナ	サラエボ	ボスニア語，セルビア語，クロアチア語
EAA-EHZ	スペイン	マドリード	スペイン語
EIA-EJZ	グレートブリテン及び北アイルランド連合王国	ロンドン	英語
EKA-EKZ	アルメニア共和国	エレバン	アルメニア語
ELA-ELZ	リベリア共和国	モンロビア	英語
EMA-EOZ	ウクライナ	キエフ	ウクライナ語，ロシア語
EPA-EQZ	イラン・イスラム共和国	テヘラン	ペルシャ語，トルコ語，クルド語
ERA-ERZ	モルドバ共和国	キシニョフ	モルドバ語，ロシア語
ESA-ESZ	エストニア共和国	タリン	エストニア語
ETA-ETZ	エチオピア連邦民主共和国	アディスアベバ	アムハラ語，英語
EUA-EWZ	ベラルーシ共和国	ミンスク	ベラルーシ語，ロシア語
EXA-EXZ	キルギス共和国	ビシュケク	キルギス語，ロシア語
EYA-EYZ	タジキスタン共和国	ドゥシャンベ	タジク語，ロシア語
EZA-EZZ	トルクメニスタン	アシガバット	トルクメン語，ロシア語
FAA-FZZ	フランス共和国	パリ	仏語
GAA-GZZ	グレートブリテン及び北アイルランド連合王国	ロンドン	英語
H2A-H2Z	キプロス共和国	ニコシア	ギリシャ語，トルコ語
H3A-H3Z	パナマ共和国	パナマシティ	スペイン語
H4A-H4Z	ソロモン諸島	ホニアラ	ピジン語，英語
H6A-H7Z	ニカラグア共和国	マナグア	スペイン語
H8A-H9Z	パナマ共和国	パナマシティ	スペイン語
HAA-HAZ	ハンガリー	ブダペスト	ハンガリー語
HAS-HSZ	タイ王国	バンコク	タイ語
HBA-HBZ	スイス連邦	ベルン	独語，仏語，イタリア語，レート・ロマンシュ語
HCA-HDZ	エクアドル共和国	キト	スペイン語
HEA-HEZ	スイス連邦	ベルン	独語，仏語，イタリア語，レート・ロマンシュ語
HFA-HFZ	ポーランド共和国	ワルシャワ	ポーランド語
HGA-HGZ	ハンガリー	ブダペスト	ハンガリー語
HHA-HHZ	ハイチ共和国	ポルトープランス	仏語，クレオール語
HIA-HIZ	ドミニカ国	ロゾー	英語，フランス語系パトワ語
HIA-HIZ	ドミニカ共和国	サントドミンゴ	スペイン語

国際呼出符字列	国名	首都	言語
HJA-HKZ	コロンビア共和国	ボゴタ	スペイン語
HLA-HLZ	大韓民国	ソウル	韓国語
HMA-HMZ	朝鮮民主主義人民共和国	(ピョンヤン[平壌])	朝鮮語
HNA-HNZ	イラク共和国	バグダッド	アラビア語，クルド語
HOA-HPZ	パナマ共和国	パナマシティ	スペイン語
HQA-HRZ	ホンジュラス共和国	テグシガルパ	スペイン語
HTA-HTZ	ニカラグア共和国	マナグア	スペイン語
HUA-HUZ	エルサルバドル共和国	サンサルバドル	スペイン語
HVA-HVZ	バチカン市国	なし(都市国家の一種)	ラテン語，仏語，イタリア語
HWA-HYZ	フランス共和国	パリ	仏語
HZA-HZZ	サウジアラビア王国	リヤド	アラビア語，英語
IAA-IZZ	イタリア共和国	ローマ	イタリア語
J2A-J2Z	ジブチ共和国	ジブチ	アラビア語，仏語
J3A-J3Z	グレナダ	セントジョージズ	英語，フランス語系パトワ語
J3A-J3Z	セントビンセント及びグレナディーン諸島	キングスタウン	英語，フランス語系パトワ語
J4A-J4Z	ギリシャ共和国	アテネ	ギリシャ語
J5A-J5Z	ギニアビサウ共和国	ビサウ	ポルトガル語
J6A-J6Z	セントルシア	カストリーズ	英語，フランス語系パトワ語
J7A-J7Z	ドミニカ国	ロゾー	英語，フランス語系パトワ語
J8A-JH8Z	セントビンセント及びグレナディーン諸島	キングスタウン	英語，フランス語系パトワ語
JAA-JSZ	日本国	東京	日本語
JTA-JVZ	モンゴル国	ウランバートル	モンゴル語，カザフ語
JWA-JXZ	ノルウェー王国	オスロ	ノルウェー語
JYA-JYZ	ヨルダン・ハシェミット王国	アンマン	アラビア語，英語
JZA-JZZ	インドネシア共和国	ジャカルタ	インドネシア語
KAA-KZZ	アメリカ合衆国	ワシントンD. C.	英語
L2A-L9Z	アルゼンチン共和国	ブエノスアイレス	スペイン語
LAA-LNZ	ノルウェー王国	オスロ	ノルウェー語
LOA-LWZ	アルゼンチン共和国	ブエノスアイレス	スペイン語
LXA-LXZ	ルクセンブルク大公国	ルクセンブルク	ルクセンブルク語，仏語，独語
LYA-LYZ	リトアニア共和国	ビリニュス	リトアニア語
LZA-LZZ	ブルガリア共和国	ソフィア	ブルガリア語
MAA-MZZ	グレートブリテン及び北アイルランド連合王国	ロンドン	英語
NAA-NZZ	アメリカ合衆国	ワシントンD. C.	英語
OAA-OCZ	ペルー共和国	リマ	スペイン語，ケチュア語，アイマラ語
ODA-ODZ	レバノン共和国	ベイルート	アラビア語，英語，仏語
OEA-OEZ	オーストリア共和国	ウィーン	独語
OFA-OJZ	フィンランド共和国	ヘルシンキ	フィンランド語，スウェーデン語
OKA-OLZ	チェコ共和国	プラハ	チェコ語
OMA-OMZ	スロバキア共和国	ブラチスラバ	スロバキア語

国際呼出符字列	国名	首都	言語
ONA-OTZ	ベルギー王国	ブリュッセル	仏語，オランダ語，独語
ONA-OTZ	ブータン王国	ティンプー	ゾンカ語
OUA-OZZ	デンマーク王国	コペンハーゲン	デンマーク語
P2A-P2Z	パプアニューギニア独立国	ポートモレスビー	ピジン語，英語，モツ語
P3A-P3Z	キプロス共和国	ニコシア	ギリシャ語，トルコ語
P4A-P4Z	アルーバ		
P5A-P9Z	朝鮮民主主義人民共和国	(ピョンヤン[平壌])	朝鮮語
PAA-PIZ	オランダ王国	アムステルダム	オランダ語
PJA-PJZ	オランダ王国	アムステルダム	オランダ語
PKA-POZ	インドネシア共和国	ジャカルタ	インドネシア語
PPA-PYZ	ブラジル連邦共和国	ブラジリア	ポルトガル語
PZA-PZZ	スリナム共和国	パラマリボ	オランダ語，スリナム語，英語，ほか
RAA-RZZ	ロシア	モスクワ	ロシア語
S2A-S3Z	バングラデシュ人民共和国	ダッカ	ベンガル語
S5A-S5Z	スロベニア共和国	リュブリャナ	スロベニア語
S7A-S7Z	セーシェル共和国	ビクトリア	英語，仏語，クレオール語
S8A-S8Z	南アフリカ共和国	プレトリア	英語，アフリカーンス語，ズールー語，コサ語ほか
S9A-S9Z	サントメ・プリンシペ民主共和国	サントメ	ポルトガル語
SAA-SMZ	スウェーデン王国	ストックホルム	スウェーデン語
SNA-SRZ	ポーランド共和国	ワルシャワ	ポーランド語
SSA-SSM	エジプト・アラブ共和国	カイロ	アラビア語
SSN-STZ	南スーダン共和国	ジュバ	英語(公用語)，その他部族語
SUA-SUZ	エジプト・アラブ共和国	カイロ	アラビア語
SVA-SZZ	ギリシャ共和国	アテネ	ギリシャ語
T2A-T2Z	ツバル	フナフティ	ツバル語，英語
T3A-T3Z	キリバス共和国	タラワ	キリバス語，英語
T4A-T4Z	キューバ共和国	ハバナ	スペイン語
T5A-T5Z	ソマリア民主共和国	モガディシュ	ソマリ語，英語，イタリア語，アラビア語
T6A-T6Z	アフガニスタン・イスラム共和国	カブール	パシュトゥー語，ダリー語
T7A-T7Z	サンマリノ共和国	サンマリノ	イタリア語
T8A-T8Z	パラオ共和国	マルキョク	パラオ語，英語
TAA-TCZ	トルコ共和国	アンカラ	トルコ語
TDA-TDZ	グアテマラ共和国	グアテマラシティ	スペイン語
TEA-TEZ	コスタリカ共和国	サンホセ	スペイン語
TFA-TFZ	アイスランド共和国	レイキャビク	アイスランド語
TGA-TGZ	グアテマラ共和国	グアテマラシティ	スペイン語
THA-THZ	フランス共和国	パリ	仏語
TIA-TIZ	コスタリカ共和国	サンホセ	スペイン語
TJA-TJZ	カメルーン共和国	ヤウンデ	仏語，英語
TKA-TKZ	フランス共和国	パリ	仏語
TLA-TLZ	中央アフリカ共和国	バンギ	サンゴ語，仏語
TMA-TMZ	フランス共和国	パリ	仏語

国際呼出符字列	国名	首都	言語
TNA-TNZ	コンゴ民主共和国	キンシャサ	仏語，キコンゴ語，リンガラ語
TNA-TNZ	コンゴ共和国	ブラザビル	仏語，リンガラ語，キトゥバ語
TOA-TQZ	フランス共和国	パリ	仏語
TRA-TRZ	ガボン共和国	リーブルビル	仏語
TSA-TSZ	チュニジア共和国	チュニス	アラビア語，仏語
TTA-TTZ	チャド共和国	ウンジャメナ	仏語，アラビア語
TUA-TUZ	コートジボワール共和国	ヤムスクロ	仏語
TVA-TXZ	フランス共和国	パリ	仏語
TYA-TYZ	ベナン共和国	ポルトノボ	仏語
TZA-TZZ	マリ共和国	バマコ	仏語，バンバラ語
UAA-UIZ	ロシア	モスクワ	ロシア語
UJA-UMZ	ウズベキスタン共和国	タシケント	ウズベク語，ロシア語
UNA-UQZ	カザフスタン共和国	アスタナ	カザフ語，ロシア語
URA-UZZ	ウクライナ	キエフ	ウクライナ語，ロシア語
V2A-V2Z	アンティグア・バーブーダ	セントジョンズ	英語
V3A-V3Z	ベリーズ	ベルモパン	英語，スペイン語，ワレオール語，マヤ語，ガリフナ語など
V4A-V4Z	セントクリストファー・ネーヴィス	バセテール	英語
V5A-V5Z	ナミビア共和国	ウィントフック	英語，アフリカーンス語，独語
V6A-V6Z	ミクロネシア連邦	パリキール	英語，ヤップ語，チューク語，ポナペ語，コスラエ語など
V7A-V7Z	マーシャル諸島共和国	マジュロ	マーシャル語，英語
V8A-V8Z	ブルネイ・ダルサラーム国	バンダルスリブガワン	マレー語，英語
VAA-VGZ	カナダ	オタワ	英語，仏語
VHA-VNZ	オーストラリア連邦	キャンベラ	英語
VOA-VOZ	カナダ	オタワ	英語，仏語
VPA-VQZ	グレートブリテン及び北アイルランド連合王国	ロンドン	英語
VRA-VRZ	中華人民共和国	ペキン(北京)	中国語
VSA-VSZ	グレートブリテン及び北アイルランド連合王国	ロンドン	英語
VTA-VWZ	インド	ニューデリー	ヒンディー語，英語，ほか
VXA-VYZ	カナダ	オタワ	英語，仏語
VZA-VZZ	オーストラリア連邦	キャンベラ	英語
WAA-WZZ	アメリカ合衆国	ワシントンD. C.	英語
XAA-XIZ	メキシコ合衆国	メキシコシティ	スペイン語
XJA-XOZ	カナダ	オタワ	英語，仏語
XPA-XPZ	デンマーク王国	コペンハーゲン	デンマーク語
XQA-XRZ	チリ共和国	サンティアゴ	スペイン語
XSA-XSZ	中華人民共和国	ペキン(北京)	中国語
XTA-XTZ	ブルキナファソ	ワガドゥグー	仏語，モシ語，ディウラ語，グルマンチェ語
XUA-XUZ	カンボジア王国	プノンペン	カンボジア語

国際呼出符字列	国名	首都	言語
XVA-XVZ	ベトナム社会主義共和国	ハノイ	ベトナム語
XWA-XWZ	ラオス人民民主共和国	ビエンチャン	ラオス語
XXA-XXZ	中華人民共和国	ペキン(北京)	中国語
XYA-XZZ	ミャンマー連邦	ネーピードー	ミャンマー語
Y2A-Y9Z	ドイツ連邦共和国	ベルリン	独語
YAA-YZZ	アフガニスタン・イスラム共和国	カブール	パシュトゥー語，ダリー語
YBA-YHZ	インドネシア共和国	ジャカルタ	インドネシア語
YJA-YJZ	イラク共和国	バグダッド	アラビア語，クルド語
YJA-YJZ	バヌアツ共和国	ポートビラ	ビスラマ語，英語，仏語
YKA-YKZ	シリア・アラブ共和国	ダマスカス	アラビア語
YLA-YLZ	ラトビア共和国	リガ	ラトビア語
YMA-YMZ	トルコ共和国	アンカラ	トルコ語
YNA-YNZ	ニカラグア共和国	マナグア	スペイン語
YOA-YRZ	ルーマニア	ブカレスト	ルーマニア語，ハンガリー語
YSA-YSZ	エルサルバドル共和国	サンサルバドル	スペイン語
YTA-YUZ	セルビア共和国	ベオグラード	セルビア語，ハンリー語
YVA-YYZ	ベネズエラ・ボリバル共和国	カラカス	スペイン語
Z2Z-Z2Z	ジンバブエ共和国	ハラレ	英語，ショナ語，ンデベレ語
Z3A-Z3Z	マケドニア旧ユーゴスラビア共和国	スコピエ	マケドニア語
Z8A-Z8Z	南スーダン共和国	ジュバ	英語(公用語)，その他部族語
ZAA-ZAZ	アルバニア共和国	ティラナ	アルバニア語
ZBA-ZJZ	グレートブリテン及び北アイルランド連合王国	ロンドン	英語
ZKA-ZMZ	ニュージーランド	ウェリントン	マオリ語，英語
ZNA-ZOZ	グレートブリテン及び北アイルランド連合王国	ロンドン	英語
ZPA-ZPZ	パラグアイ共和国	アスンシオン	スペイン語，グアラニー語
ZQA-ZQZ	グレートブリテン及び北アイルランド連合王国	ロンドン	英語
ZRA-ZUZ	南アフリカ共和国	プレトリア	英語，アフリカーンス語，ズールー語，コサ語ほか
ZVZ-ZZZ	ブラジル連邦共和国	ブラジリア	ポルトガル語
(1A)	マルタ騎士団		イタリア語
(1S)	スプラトリー(南沙諸島)		
2AA-2ZZ	グレートブリテン及び北アイルランド連合王国	ロンドン	英語
3AA-3AZ	モナコ公国	モナコ	仏語
3BA-3BZ	モーリシャス共和国	ポートルイス	英語，仏語，クレオール語
3CA-3CZ	赤道ギニア共和国	マラボ	スペイン語，仏語，ブビ語，ファン語
3DA-3DM	スワジランド王国	ムババーネ	英語，シスワティ語
3DN-3DZ	フィジー諸島共和国	スバ	フィジー語，ヒンディー語，英語
3EA-3FZ	パナマ共和国	パナマシティ	スペイン語
3GA-3GZ	チリ共和国	サンティアゴ	スペイン語

国際呼出符字列	国名	首都	言語
3HA-3UZ	中華人民共和国	ペキン(北京)	中国語
3VA-3VZ	チュニジア共和国	チュニス	アラビア語，仏語
3WA-3WZ	ベトナム社会主義共和国	ハノイ	ベトナム語
3XA-3XZ	ギニア共和国	コナクリ	仏語
3YA-3YZ	ノルウェー王国	オスロ	ノルウェー語
3ZA-3ZZ	ポーランド共和国	ワルシャワ	ポーランド語
4AA-4CZ	メキシコ合衆国	メキシコシティ	スペイン語
4DA-4IZ	フィリピン共和国	マニラ	フィリピノ語，英語
4JA-4KZ	アゼルバイジャン共和国	バクー	アゼルバイジャン語，ロシア語
4LA-4LZ	グルジア	トビリシ	グルジア語
4MA-4MZ	ベネズエラ・ボリバル共和国	カラカス	スペイン語
4OA-4OZ	モンテネグロ	ポドゴリツァ	モンテネグロ語・セルビア語，ボスニア語
4PA-4SZ	スリランカ民主社会主義共和国	スリジャヤワルダナプラコッテ	シンハラ語，タミール語，英語
4TA-4TZ	ペルー共和国	リマ	スペイン語，ケチュア語，アイマラ語
4UA-4UZ	国際連合		
4VA-4VZ	ハイチ共和国	ポルトープランス	仏語，クレオール語
4WA-4WZ	東ティモール民主共和国	ディリ	テトゥン語，ポルトガル語，インドネシア語，英語
4XA-4XZ	イスラエル国	－	ヘブライ語，アラビア語
4YA-4YZ	国際民間航空機関		
4ZA-4ZZ	イスラエル国	－	ヘブライ語，アラビア語
5AA-5AZ	リビア	トリポリ	アラビア語
5BA-5BZ	キプロス共和国	ニコシア	ギリシャ語，トルコ語
5CA-5GZ	モロッコ王国	ラバト	アラビア語，仏語
5HA-5IZ	タンザニア連合共和国	ドドマ	スワヒリ語，英語
5JA-5KZ	コロンビア共和国	ボゴタ	スペイン語
5LA-5MZ	リベリア共和国	モンロビア	英語
5NA-5OZ	ナイジェリア連邦共和国	アブジャ	英語，各民族語
5PA-5QZ	デンマーク王国	コペンハーゲン	デンマーク語
5RA-5SZ	マダガスカル共和国	アンタナナリボ	マダガスカル語，仏語，英語
5TA-5TZ	アイルランド	ダブリン	英語，アイルランド語
5TA-5TZ	モーリタニア・イスラム共和国	ヌアクショット	アラビア語，仏語，ブラール語，ソニンケ語，ウォロフ語
5UA-5UZ	ニジェール共和国	ニアメ	仏語，ハウサ語
5VA-5VZ	トーゴ共和国	ロメ	仏語，エヴェ語，カブレ語
5WA-5WZ	サモア独立国	アピア	サモア語，英語
5XA-5XZ	ウガンダ共和国	カンパラ	英語，スワヒリ語，ルガンダ語
5YA-5ZZ	ケニア共和国	ナイロビ	英語，スワヒリ語
6AA-6BZ	エジプト・アラブ共和国	カイロ	アラビア語
6CA-6CZ	シリア・アラブ共和国	ダマスカス	アラビア語
6DA-6JZ	メキシコ合衆国	メキシコシティ	スペイン語
6KA-6NZ	大韓民国	ソウル	韓国語

国際呼出符字列	国名	首都	言語
6OA-6OZ	ソマリア民主共和国	モガディシュ	ソマリ語，英語，イタリア語，アラビア語
6PA-6SZ	パキスタン・イスラム共和国	イスラマバード	ウルドゥ語，英語
6TA-6UZ	スーダン共和国	ハルツーム	アラビア語，英語
6VA-6WZ	セネガル共和国	ダカール	仏語，ウォロフ語
6XA-6XZ	マダガスカル共和国	アンタナナリボ	マダガスカル語，仏語，英語
6YA-6YZ	ジャマイカ	キングストン	英語，英語系パトワ語
6ZA-6ZZ	リベリア共和国	モンロビア	英語
7AA-7IZ	インドネシア共和国	ジャカルタ	インドネシア語
7JA-7NZ	日本国	東京	日本語
7OA-7OZ	イエメン共和国	サヌア	アラビア語
7PA-7PZ	レソト王国	マセル	英語，ソト語
7QA-7QZ	マラウイ共和国	リロングウェ	英語，チェワ語
7RA-7RZ	アルジェリア民主人民共和国	アルジェ	アラビア語，ベルベル語，仏語
7SA-7SZ	スウェーデン王国	ストックホルム	スウェーデン語
7TA-7YZ	アルジェリア民主人民共和国	アルジェ	アラビア語，ベルベル語，仏語
7ZA-7ZZ	サウジアラビア王国	リヤド	アラビア語，英語
8AA-8IZ	インドネシア共和国	ジャカルタ	インドネシア語
8JA-8NZ	日本国	東京	日本語
8OA-8OZ	ボツワナ共和国	ハボローネ	英語，ツワナ語
8PA-8PZ	バルバドス	ブリッジタウン	英語
8QA-8QZ	モルディブ共和国	マレ	ディベヒ語
8RA-8RZ	ガイアナ共和国	ジョージタウン	英語，クレオール語
8SA-8SZ	スウェーデン王国	ストックホルム	スウェーデン語
8TA-8YZ	インド	ニューデリー	ヒンディー語，英語，ほか
8ZA-8ZZ	サウジアラビア王国	リヤド	アラビア語，英語
9AA-9AZ	クロアチア共和国	ザグレブ	クロアチア語
9BA-9DZ	イラン・イスラム共和国	テヘラン	ペルシャ語，トルコ語，クルド語
9EA-9FZ	エチオピア連邦民主共和国	アディスアベバ	アムハラ語，英語
9GA-9GZ	ガーナ共和国	アクラ	英語
9HA-9HZ	マルタ共和国	バレッタ	マルタ語，英語
9IA-9JZ	ザンビア共和国	ルサカ	英語，ベンバ語，ニャンジァ語，トンガ語
9KA-9KZ	クウェート国	クウェート	アラビア語
9LA-9LZ	シエラレオネ共和国	フリータウン	英語，メンデ語，テムネ語
9MA-9MZ	マレーシア	クアラルンプール	マレー語，英語，中国語，タミール語
9NA-9NZ	ネパール連邦民主共和国	カトマンズ	ネパール語
9OA-9TZ	コンゴ共和国	ブラザビル	仏語，リンガラ語，キトゥバ語
9UA-9UZ	ブルンジ共和国	ブシュンブラ	仏語，キルンジ語
9VA-9VZ	シンガポール共和国	なし（都市国家）	マレー語，英語，中国語，タミール語
9WA-9WZ	マレーシア	クアラルンプール	マレー語，英語，中国語，タミール語
9XA-9XZ	ルワンダ共和国	キガリ	仏語，英語，キニアルワンダ語
9YA-9ZZ	トリニダード・トバゴ共和国	ポートオブスペイン	英語，ヒンズー語，フランス語，スペイン語

索引

著者プロフィール

津田　稔(つだ　みのる)

1943年3月　東京・中野区で生まれた.
1959年4月　電話級アマチュア無線技士国家試験に合格.
(アマチュア無線技士が四資格になった新制度第1回目の国家試験)
1959年10月　第2級アマチュア無線技士国家試験に合格.
1960年3月　JA1DSIが本免許となった(前年に予備免許を与えられていた).
1963年4月　東京大学理科Ⅱ類入学.
1973年4月　都立高校教師(理科)になる.
1974年4月　第1級アマチュア無線技士国家試験に合格.
1977年8月　500W局(RTTYも含む)落成検査合格(現在も500Wのまま).
1978年12月　14MHz RTTYでCE3CF(現在はCE3FCF)と交信.
私の最初のRTTY交信でした. これでRTTYに熱中し始めました.
1980年9月　RTTY Journal発行のRTTY-DXCC(#47)を取得.
私のハムライフでいちばん嬉しかったことです(その後, Awaradに関しては, RTTYモードのみでAJD, JCC, DXCC(ARRL204エンティティー), WAS, WAZ, WA-VK-CA, 14/21/28MHzのWAC, YL-WACなどを取得).
1986年　『RTTY入門』(電波実験社)を出版.
この時期を挟んで, パケット・ラジオを数年間やっていました.
1991年以降　仕事の関係もあり, DXレースから足を洗った.
2003年3月　都立高校, 定年退職.
2009年7月　7MHz帯拡張記念QSOパーティを機に, RTTYにカムバック.
2012年9月　8J1S8X/1でCW/RTTY/PSK31を10月末まで運用.
2013年　古希(70)を迎える.
「動く無線室」(レガシィの水平対向6気筒車, GT30)で元気に走り回っています. ラジオや音楽は滅多に聞かず, 短波帯の受信ばかりやっています.

*

固定局からは50Wもしくは100Wで, RTTYやCWを楽しんでいます.
正月のQSOパーティには2004年ごろからRTTY/CWで毎年出ています.
4月～8月は, 8N1A/1のオペレータの一人としてCW/RTTY/PSK31を運用しています.

短波帯アマチュア無線 入門ガイド

2013年9月1日　初版発行

著　者　津　田　　稔
発行人　小　澤　　拓　治
発行所　CQ出版株式会社
〒170-8461　東京都豊島区巣鴨1-14-2
電話　編集 03-5395-2149
販売 03-5395-2141
振替　00100-7-10665

乱丁，落丁本はお取り替えします
定価はカバーに表示してあります

ISBN978-4-7898-1587-1
Printed in Japan

編集担当者　小礒 光信
本文デザイン　㈱コイグラフィー
DTP・印刷・製本　三晃印刷㈱